Faraj Al Sulaiman
Sabbar Al Qassy
Sameer Al Fahdawy

Variação da salinidade da água de formação no campo petrolífero de Hemrin, NE do Iraque

Faraj Al Sulaiman
Sabbar Al Qassy
Sameer Al Fahdawy

Variação da salinidade da água de formação no campo petrolífero de Hemrin, NE do Iraque

ScienciaScripts

Cover image: www.ingimage.com

This book is a translation from the original published under ISBN 978-3-639-71852-2.

Publisher:
Sciencia Scripts
is a trademark of
Dodo Books Indian Ocean Ltd. and OmniScriptum S.R.L publishing group

120 High Road, East Finchley, London, N2 9ED, United Kingdom
Str. Armeneasca 28/1, office 1, Chisinau MD-2012, Republic of Moldova, Europe
Managing Directors: Ieva Konstantinova, Victoria Ursu
info@omniscriptum.com

Printed at: see last page
ISBN: 978-620-8-39597-1

Lista de conteúdos

Capítulo 1

Introdução

1.1 prefácio

O Iraque é um dos países mais ricos em petróleo do mundo, é o segundo maior produtor de petróleo da OPEP e a terceira maior reserva de petróleo do mundo. Num futuro próximo, o Iraque poderá tornar-se um dos principais produtores, porque é dotado de múltiplos sistemas petrolíferos que incluem rochas paleozóicas, mesozóicas e cenozóicas (Fuad, 2008). Os principais campos petrolíferos estão concentrados no sistema petrolífero norte-sul do Iraque.

O campo petrolífero de Hamrin é um dos campos petrolíferos mais importantes do norte do Iraque e está localizado nas operações da North Oil Company na província de Saladdin. É constituído por três cúpulas (Albufudhul, Nakhaila e Allas) de noroeste para sudeste (Al Naqib, 1959). Este campo produz petróleo a partir dos principais reservatórios do Terciário (formações Eufrates, Jeribe e Dhiban). O levantamento sísmico anterior demonstrou que o campo petrolífero de Hamrin é composto por um anticlíneo assimétrico e ocorre na subzona de Hemrin-Makhool, de acordo com a subdivisão tectónica do Iraque (Buday e Jassim, 1987).

Este estudo pode ser considerado como o primeiro estudo académico no Iraque que trata do controlo estrutural das propriedades da água de formação. O presente estudo dá uma imagem para compreender as causas da variação da salinidade nos três domos do campo (Albufudhul, Nukhaila e Allas). A água de formação produzida a partir destes domos reflecte uma grande variedade e diferenças nas propriedades químicas e físicas de um domo para outro.

Esta investigação é composta por duas partes, a primeira abrange a interpretação estrutural da imagem de satélite para detetar os lineamentos que têm origem estrutural para identificar os sistemas de fracturas que podem ter controlado a percolação da água meteórica para a água de formação que causam a variação nas propriedades da água de formação. A segunda centra-se nas propriedades hidrogeoquímicas, que mostram a origem da luz e a qualidade da água de formação.

A importância dos estudos da água de formação advém do seu papel na determinação das condições deposicionais e interpõe-se nos estudos científicos do petróleo, desde a exploração, perfuração, desenvolvimento do campo e produção. Também determina a migração e acumulação do petróleo (Colin, 1975).

1. 2. Localização da área de estudo

A área de estudo abrange o campo petrolífero de Hamrin com as suas três cúpulas (Albufudhul, Nukhaila e Allas). Situa-se no limite da província de Saladdin, a cerca de 35 km a nordeste da cidade de Tikrit e a cerca de 80 km a sudoeste da cidade de Kirkuk (Figura 1.1). O campo petrolífero de Hamrin representa um anticlíneo que se estende NW-SE desde o desfiladeiro de Al-Fatha, onde o rio Tigre passa perto do seu mergulho a norte, até ao seu mergulho a sul, perto da região de intersecção do rio Al-Adhami com a dobra.

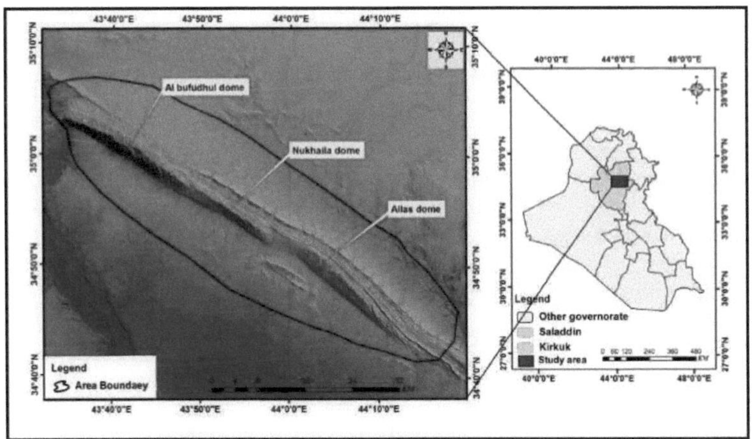

Figura (1. 1) Localização da área de estudo

1. 3. Justificação do estudo

1. As propriedades químicas e físicas da água de formação desempenham um papel importante no desenvolvimento do campo, no planeamento e na quantificação das reservas

2. Cálculo dos custos de conclusão, incluindo os custos do equipamento de revestimento e de superfície.

3. A análise da água de formação ajuda os operadores a estimar as despesas, tais como os custos de injeção de água.

4. A resistividade da água de formação, que depende da salinidade, representa um dos parâmetros importantes da interpretação computorizada dos registos que são utilizados na modelação estática e dinâmica do reservatório.

1. 4. Objectivos do estudo

O estudo tem por objetivo:

1. Análise das caraterísticas dos lineamentos de origem estrutural e do seu impacto na recarga da água de formação e na variação da salinidade.

2. Avaliação das propriedades químicas e físicas da água de formação no campo petrolífero de Hamrin.

3. Determinação da origem da água de formação.

4. Determinar os factores que controlam a variação da salinidade da água de formação no campo estudado e descrever a relação com o contexto estrutural do campo.

5. Separação da produção de cúpulas de acordo com o fundo de água de formação.

1. 5. Qualidade dos dados

Devido à situação de segurança que atravessa o país, é impossível aceder ao campo petrolífero de Hamrin para efetuar amostragens de água de formação para fins de análise, para além de ser impossível efetuar medições dos sistemas de fracturas do anticlinal de Hamrin, pelo que os dados utilizados para completar esta tese provêm de muitos recursos diferentes. Estes dados estão divididos em várias partes.

1. Dados utilizados na análise dos lineamentos e morfometria do anticlíneo de Hamrin. A imagem de satélite e o modelo digital de elevação (DEM) da área são os principais dados utilizados neste estudo, considerando a resolução espacial das imagens disponíveis e o tamanho da área de estudo. Esses dados são de alta eficiência para análise e interpretação de lineamentos e padrões de drenagem que têm origem em estruturas e são considerados de alta qualidade para a conclusão da pesquisa.

2. Os dados que são utilizados na interpretação da geoquímica da água de formação são dados arquivados no relatório de poços do campo petrolífero de Hamrin na North Oil Company, estes dados são bons, mas há algumas incertezas relacionadas com estes dados, incluindo as amostras do campo petrolífero de Hamrin que podem ser obtidas através de vários processos diferentes (câmara, drill caller (D/C), tubing swabbing (tbg/s), drill pipe (D/P), suction bailer (S/B) e circulação de reserva (R/C)). Assim, existe uma incerteza significativa relacionada com a utilização destes dados. No entanto, foram feitos todos os esforços para reduzir as incertezas e utilizar apenas os métodos mais fiáveis para a análise e interpretação dos objectivos.

3. Os relatórios e os estudos anteriores sobre o campo petrolífero de Hamrin e a área circundante, para além dos relatórios da literatura e das análises da água de formação de campos petrolíferos locais e globais em atividade, são provavelmente de elevada eficiência para utilização no presente estudo.

1. 6 Metodologia

O projeto está dividido em várias fases sucessivas.

1.6.1. Trabalhos de preparação

incluindo as seguintes tarefas.

I. Descrever a sequência estratigráfica a profundidade final dos poços perfurados que atingem a idade cretácica inferior (Formação Shuaib) e descrever as secções litológicas das formações superficiais, bem como descrever a geomorfologia da área de estudo. Estas informações foram recolhidas, avaliadas e reorganizadas de acordo com o relatório final dos poços e estudos anteriores sobre o campo petrolífero de Hamrin e a área circundante.

II. Dados sobre a água de formação

Todas as amostras de água de formação foram recolhidas de poços durante a perfuração na procura de petróleo. A maioria das amostras foi recolhida por técnicas de amostragem de câmara, Drill caller (D/C), Tubing swabbing (tbg/s), Drill pipe (D/P), suction bailer (S/B) e Reserve circulation (R/C). Estes dados faziam parte dos registos arquivados na empresa petrolífera North. Foram recolhidas amostras de água de formação das formações terciárias (reservatório Miocénico) (Eufrates, Jeribe e Dhiban) que representam o principal reservatório do campo. É composto por rochas carbonatadas. Todas as amostras são transferidas para o laboratório da companhia petrolífera North para análise. (pH) e o total de sólidos dissolvidos (TDS) das amostras de água da formação foram medidos diretamente no campo. Foi utilizado um GPS para determinar as coordenadas das localizações no mapa (Figura 1.2).

1. 6. 2. Lineamentos e análises morfométricas

As técnicas de teledeteção e de sistema de informação geográfica são aplicadas para detetar os fenómenos de lineamento das três cúpulas do anticlinal de Hamrin e o sistema hidrológico superficial da zona. Para o efeito, são utilizadas imagens de satélite e modelos digitais de elevação (DEM). As imagens de satélite produzidas pelo Landsat 8 banda 5 com resolução de 30m. O Landsat 8 tem onze bandas sensíveis a diferentes comprimentos de onda, enquanto o DEM foi produzido pela Shuttle Radar Topography Mission (SRTM) com resolução de 30 metros. A Shuttle Radar Topography Mission (SRTM) é o mais importante levantamento espacial da Terra efectuado pela agência NASA (National Aeronautics and Space Administration).

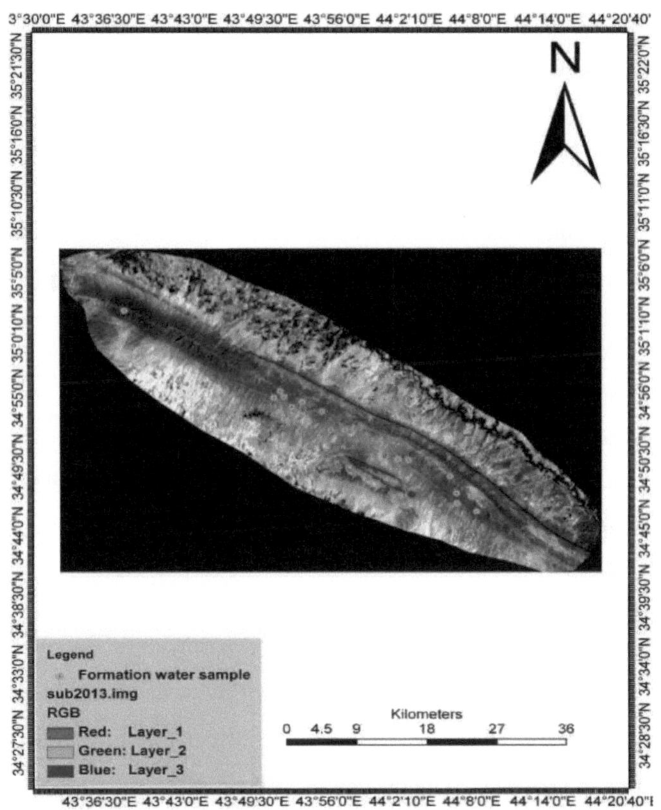

Figura (1.2) Localização da recolha de amostras de água de formação no campo petrolífero de Hamrin

1. 6. 3. Trabalho de escritório

Os trabalhos de gabinete incluem o complemento de todos os trabalhos para atingir o fim desejado. Inclui a revisão de referências, estudos anteriores, relatórios, recolha de informação geológica sobre a área de estudo, desenho de mapas geológicos, integração de dados, análise de dados, comparação de dados e interpretação final.

1. 7. Software utilizado na investigação

Muitos softwares foram utilizados neste estudo, para derivar e analisar os lineamentos, e simbolizar como diagrama de rosa, representação de gráfico hidroquímico e outros usos, a seguir estão estes programas.

1. ERDAS Imagine 8. 4

Trata os dados espaciais, as operações de correção geométrica e espacial, o tipo de realce espacial e espetral, o tratamento de imagens de radar, a conversão entre diferentes projecções e classificações de imagens de satélite, para além de muitos outros processos. Estes programas são utilizados para unir as imagens de satélite (bandas 2,3,4,5,6,7) do Landsat 8 que são utilizadas para a extração dos fenómenos de lineamentos do anticlinal de Hamrin.

2. PCI Geomatica V9.1

É outro pacote de software de deteção remota que é utilizado para o processamento de imagens e a extração automática de lineamentos a partir de imagens de satélite, utilizando diferentes parâmetros.

3. Arc GIS V. 9.3

O SIG é um ramo da tecnologia da informação que lida com diferentes dados, é utilizado para desenhar mapas de densidade de lineamentos, classificação de lineamentos de acordo com o comprimento, morfometria do sistema hidrológico, e desenhar mapas que mostram a distribuição da concentração das propriedades físico-químicas da água de formação na área de estudo.

4. Mapeador Global V.13

Manuseia dados vectoriais, raster e de elevação, e fornece visualização, conversão e outras funcionalidades SIG. Neste estudo, este software foi utilizado para traçar o perfil ao longo do anticlíneo de Hamrin para mostrar a posição e a elevação de três cúpulas acima do nível do mar.

5. Software Surfer Golden 2011. Sistema de cartografia de superfícies.

O programa Surfer foi utilizado para desenhar os mapas de base do campo petrolífero de Hamrin, desenhar o mapa vetorial da grelha e o mapa topográfico do anticlíneo norte de Hamrin.

6. Rock ware Aq. Software de controlo de qualidade 15

O programa Rock Ware foi utilizado para desenhar os esquemas do diagrama de rosa da direção dos lineamentos, a folha de cálculo para a análise da água de formação e para desenhar gráficos hidroquímicos da água de formação.

7. Adobe photoshop (V 7. 0:1) 2002

É utilizado para desenhar e editar imagens, mapas e gráficos para que tomem a sua forma final na investigação.

Capítulo 2

Antecedentes geológicos

2.1.Prefácio

O presente estudo sugere o controlo do fator estrutural na variação da composição da água de formação através de três domos do campo petrolífero de Hamrin. Este capítulo aborda os antecedentes geológicos da área de estudo (estratigrafia, tectónica, estrutura, topografia e geomorfologia) e o papel na variação da salinidade devido à exportação ou consumo dos iões principais da água de formação e o papel na percolação da água superficial para a água de formação.

2.2.Configuração estratigráfica

A estratigrafia da área de estudo inclui a descrição das formações expostas e os seus membros litológicos associados, para além da idade e espessura das rochas subterrâneas encontradas num poço de exploração de petróleo.

2. 2. 1. Estratigrafia das formações do subsolo

A formação subsuperficial da área estudada pode ser deduzida a partir do registo lito-estratigráfico do poço Hamrin No. (1 e 5). (O poço 1 situa-se perto da zona crestal da cúpula de Allas, enquanto o poço 5 se situa no flanco NE da cúpula de Albufudhul. O poço penetra nas sequências do Terciário e do Cretáceo. Começa no Mioceno Inferior (formação Fatha) e termina no Cretáceo Inferior (formação Shuaiba).

2. 2. 1. 1. As formações cretácicas

As formações cretácicas no campo petrolífero de Hamrin incluem o seguinte

2. 2. 1. 1. 1. Formação Shuaiba

Esta formação é descrita por Owen e Nasr (1958) (citado em Bellen et al., 1959) na secção tipo do poço Zubair-3 no sul do Iraque. Tem 62 metros de espessura e as suas fácies litológicas consistem em calcário dolomítico com cristais grosseiros cavernosos e inclui gestos cristalinos rudistas. A idade da formação é considerada como sendo do período Aptiano e o ambiente sedimentar é a plataforma interior (Jassim e Goff, 2006).

A espessura da formação na área de estudo é de 33 metros no poço 5, que consiste numa fácies dolomítica castanha, dura, de grão médio a grosso no fundo, acima da qual se encontram calcários castanhos claros com calcite recristalizada preenchendo alguns vugs.

2. 2. 1. 1. 2. Formação Mauddud

A formação foi descrita pela primeira vez por Henson (1940) (citado em Bellen et al., 1959) num relatório não publicado no poço Dukhan-1 no Kuwait. Owen e Nasr (1958) descreveram a formação numa secção de subsuperfície no poço Zubair-1, no sul do Iraque. Referem que consiste em calcário orgânico detrítico com fácies pseudo-oolítica amarela e, por vezes, contém estrias de xisto verde ou azul. A idade da formação foi detectada no período albiano. Chatton e Hart (1960) deram o nome de formação Mauddud à formação Qumchuqa superior, e formação Shuaiba à formação Qumchuqa inferior. A espessura da formação na área de estudo é de 204 metros de calcário cinzento-esbranquiçado, detrítico, com estrias de dolomite, fossilífero, alguns vugs preenchidos com calcite, seletivamente manchados com pirite, estilolítico, com estrias muito finas de marga.

2. 2. 1. 1. 3. Formação Dokan

Foi descrita pela primeira vez como uma formação separada por Lancaster e Jones em 1957 (Bellen et al., 1959). A localidade-tipo situa-se no local da barragem de Dokan, na zona de dobras altas do NE do Iraque. Compreende 4m de calcário oligosteginal cinzento e branco de cor clara, localmente rubbly, com revestimentos glauconíticos das massas semelhantes a seixos (Bellen et al., 1959, p. 92). A formação foi depositada num ambiente marinho aberto e é de idade Cenomaniana (Buday,1980). A espessura da formação na área de estudo é de 10 metros de calcário cinzento esbranquiçado e dolomite rara.

2. 2. 1. 1. 4. Formação Rumaila

A formação foi descrita por Rabanit em 1952 (citado em Bellen et al 1959) nos poços de Zubair. É constituída por calcário margoso de grão fino com margas que passam para calcário calcítico de grão fino. Camadas de dolomite, calcário dolomítico e xisto subordinado ocorrem em alguns poços (Jassim e Goff, 2006). A formação foi depositada numa bacia relativamente mais profunda que era localmente restrita a norte e a sua idade varia entre o cenomaniano e o início do turoniano (Chatton e Hart, 1960). A formação no campo de Hamrin é composta por (13) metros de calcário cinzento claro a cinzento escuro, xistoso no topo e marga detrítica dura na base.

2. 2. 1. 1. 5. Formação de Mishrif

Bellen et al. (1959) salienta que esta formação foi descrita por Owen e Nasr (1958) no poço Zubair-3 no sul do Iraque. É constituída por calcário cinzento-branco com gastrópodes e fragmentos de conchas acima, e por calcário castanho, detrítico, poroso, em parte muito argiloso e foraminífero com calcário com detritos rudistas abaixo. A formação foi depositada como recifes de retalhos sobre os crescentes e subtis pontos altos estruturais que se desenvolvem noutra plataforma relativamente mais profunda, na qual foram depositados sedimentos marinhos abertos da formação Rumaila, enquanto a sua idade detecta a idade cenomaniana - início do Turoniano (Chaatton e Hart, 1960). No campo petrolífero de Hamrin, a formação compreende (228) metros de calcário detrítico branco a cinzento-azulado, de grão fino no topo, calcário, com marga branca, losangos de dolomite dispersos com nódulos de anidrite muito raros.

2. 2. 1. 1. 6. Formação Khasib

Esta formação é descrita por Rabanit (1952) (citado em Bellen et al., 1959) em Zubair, no sul do Iraque. Além disso, a formação é descrita por Owen e Nasr (1958) no poço Zubair-3, no sul do Iraque. Os seus (20) metros na parte inferior são constituídos por xisto cinzento-escuro e cinzento-esverdeado e calcário argiloso cinzento, enquanto a parte superior (30) metros é constituída por calcário cinzento de grão fino. A idade da formação detecta o Turoniano tardio e o Campaniano inicial e o seu ambiente sedimentar era uma bacia restrita. No campo petrolífero de Hamrin, a formação compreende (21,5) metros de calcário cinzento, de grão fino a médio, acentuado e margoso na parte inferior, com pirite, glauconite rara e rombos de dolomite dispersos.

2. 2. 1. 1. 7. Formação Saadi

A formação é descrita por Rabanit (1952) (citado em Bellen et al., 1959) em Zubair, no sul do Iraque. Para além disso, a formação é descrita por Owen e Nasr (1958) nos poços Zubair-3, no sul do Iraque. Compreende (300) metros de calcário branco calcário e globigerinal com um leito de marga bem desenvolvido (60) metros de espessura na parte superior da formação. Fora da área tipo, a parte superior da formação também inclui calcário organo detrítico (Bellen et al, 1959). A idade da formação foi detectada entre o Turoniano tardio e o início do companiano e o ambiente sedimentar é marinho profundo. A formação no campo petrolífero de Hamrin compreende (145) metros de calcário cinzento-escuro, com dolomite no topo, calcário branco, base de grão fino piritizada, cristais de enxofre em alguns locais.

2. 2. 1. 1. 8. formação Hartha

A formação foi descrita por Rabanit (1952) (citado em Bellen et al., 1959). Para além disso, a formação foi descrita por Owen e Nasr (1958) no poço Zubair-3, no sul do Iraque. É constituída por calcário orgânico detrítico e glauconítico com camadas de xisto cinzento e verde. Os calcários são localmente fortemente dolomitizados (Jassim e Goff, 2006). O ambiente sedimentar é representado por um ambiente de recife durante o período Campaniano tardio e início do Maastrichtiano (Buday, 1980). No campo petrolífero de Hamrin, a formação compreende (46,5) metros de calcário de grão fino, calcário recristalizado, com losangos de dolomite que aumentam em direção ao fundo.

2. 2. 1. 1. 9. Formação Shiranish

A formação foi descrita por Henson (1940) a partir da secção tipo na área de Shiranish Islam, perto da cidade de Zakho, no norte do Iraque (citado em Bellen et al., 1959). A espessura da formação é de 227. 8 metros, e esta espessura varia de uma área para outra de acordo com a sua posição na bacia sedimentar. É constituída por calcários argilosos de leito fino (localmente dolomíticos) sobrepostos por margas pelágicas azuis. A idade da formação foi detectada no período Cretáceo superior e o ambiente sedimentar da formação é representado pelo ambiente marinho profundo. No campo petrolífero de Hamrin, a formação compreende (311) metros de calcário margoso globigerinal cinzento a cinzento acastanhado, denso, com ocasional calcário xistoso.

2. 2. 1. 2. As Formações Terciárias

As formações terciárias no campo petrolífero de Hamrin são reservatórios importantes do campo, incluindo calcário que contém porosidade e permeabilidade, bem como rochas de cobertura, incluindo sedimentos de evaporitos. As formações terciárias no campo petrolífero de Hamrin incluem as seguintes.

2. 2. 1. 2. 1. Formação Jaddala

A formação é descrita pela primeira vez no relatório não publicado de Henson (1940) (citado em Bellen et al., 1959) da localidade tipo perto da aldeia de Jaddala na montanha Sinjar, no noroeste do Iraque. Compreende (350) metros de calcário calcítico e marga com línguas finas ocasionais de calcário Avanah. As suas fácies contêm muitas multidões de pequenos foraminíferos planctónicos e bentónicos. A idade da formação foi detectada entre o início do Eoceno e o Eoceno tardio e o seu ambiente sedimentar é caracterizado por ser um ambiente de bacia profunda. A formação no campo petrolífero de Hamrin compreende (87) metros de calcário marly globigerinal cinzento a cinzento acastanhado, que pode ser piritico ou glauconítico localmente.

2. 2. 1. 2. 2. 2 Formação Serikagni

Esta formação é descrita pela primeira vez num relatório não publicado de Bellen (1955) (citado em Bellen et al, 1959). A sua secção típica situa-se perto da aldeia de Bara, na montanha Sinjar, a noroeste do Iraque. Tem 151 metros de espessura e é constituída por calcário calcítico globigerinal. A sua idade é detectada no Miocénico inferior, de acordo com os foraminíferos da multidão. No campo petrolífero de Hamrin, a formação é composta por (22,5) metros de calcário globigerinal cinzento-claro a amarelo, margoso.

2. 2. 1. 2. 3. Formação do Eufrates

A formação foi descrita pela primeira vez por De Boeckh e Viennot (1929) (citado em Bellen et al., 1959) da localidade tipo perto de Wadi Fuhaimi a sudeste da cidade de Anah. É constituída por (8) metros de calcário recristalizado, calcário e bem acamado. A idade da formação é detectada no início do Mioceno e o seu ambiente sedimentar é representado por ambientes marinhos pouco profundos e ambientes de recifes e lagoas. No norte do Iraque, a formação está misturada com as formações de Serikagni e Dhiban. É constituída principalmente por calcário dolomítico. A média da sua espessura varia entre 60-70 metros (Buday, 1980). A formação no campo petrolífero de Hamrin compreende (60,5) metros de calcário oolítico a sub-oolítico ligeiramente anidrítico e margoso. A partir da base, o calcário torna-se mais denso, com bandas margosas globigerais crescentes, sendo de transição para a formação Serikagni. Quanto ao aspeto do reservatório, a formação é considerada uma das rochas geradoras de hidrocarbonetos no campo petrolífero de Hamrin.

2. 2. 1. 2. 4. Dhiban anhydrit Formação

A formação foi descrita pela primeira vez por Henson (1940) e revista por Bellen (1957) (citado em Bellen et al., 1959) da aldeia de Dhiban na área de Sinjar a noroeste do Iraque. Compreende (72) metros de gesso, camadas finas de marga e calcário recristalizado brechado. A idade da formação é detectada no período Burdigaliano médio (Buday, 1980) e o seu ambiente sedimentar é representado por sabkhas centrados em bacias e ambientes salinos. A formação no campo petrolífero de Hamrin compreende (49) metros de anidritas brancas, maciças a acamadas, com calcário dolomítico cinzento a amarelo subordinado, denso e ocasionalmente brilhante. Quanto ao aspeto do reservatório, a formação é considerada uma das rochas geradoras de hidrocarbonetos no campo petrolífero de Hamrin.

2. 2. 1. 2. 5. Formação calcária de Jeribe

A formação foi descrita pela primeira vez por Bellen (1957) (citado em Bellen et al., 1959) a partir da localidade tipo perto da aldeia de Jaddala no anticlinal de Sinjar. Compreende (70) metros de calcário recristalizado, dolomitizado e geralmente maciço. A idade da formação é detectada na parte inferior do Mioceno médio e o seu ambiente sedimentar é representado por um ambiente lagunar (recife posterior) e de recife. A espessura da formação no campo petrolífero de Hamrin é de (64) metros e é constituída por calcário recristalizado de cor cinzenta a cinzenta, poroso, ligeiramente margoso, ocasionalmente anidrítico e xeloso. Quanto ao aspeto do reservatório, a formação é considerada uma das rochas geradoras de hidrocarbonetos no campo petrolífero de Hamrin. A formação de Jeribe pode estar exposta à superfície no membro sudoeste da cúpula de Albufudhul (Al Wared, 2012), o que contribui para a percolação da água de superfície para a água de formação, o que levou à variação da química da água de formação.

2. 2. 2. formações de superfície

Na área de estudo estão expostas quatro formações (da mais antiga para a mais recente). A Formação Fatha, a Formação Injana, a Formação Mukdadiya e a Formação Bai-Hassan. (Figura 2.1) mostra a distribuição das formações e o membro litológico associado.

2. 2. 2. 1. Formação Fatha

A formação de Fatha foi descrita pela primeira vez por Busk e Mayo no Irão, em 1918, sob o nome de formação de fares inferiores e, subsequentemente, amplamente reconhecida no Iraque, tendo sido renomeada formação de Fatha no Iraque, no desfiladeiro de Al Fatha, onde o rio Tigre atravessa a cordilheira Makhul-Hemrin, 10 km a norte da cidade de Baiji (Jassim etal, 1984). A idade da formação é detectada no Mioceno médio e o seu ambiente sedimentar é representado por um ambiente marinho pouco profundo (lagoa). A formação Fatha foi subdividida por geólogos petrolíferos nos primeiros anos de exploração em unidades informais. É constituída por anidrite, gesso e sal, intercalados com calcário e marga. As unidades informais na área de estudo (Bellen et al 1959 citado em Jassim e Goff,2006) e (Al Naqibe,1959) compreendem de baixo para cima.

a- Leitos de transição, compreendendo uma sequência de anidrite, gesso, lama e calcário fino e halite. Os leitos de transição geralmente cobrem o chamado conglomerado basal de Fatha.

b- Leitos salíferos, estas unidades são muito alteradas em espessura devido à natureza da composição do sal. Compreendem anidrite, gesso, halite com leitos de siltito, lama e raras faixas de calcário.

c- Leitos de infiltração constituídos por anidrite com leitos de siltitos, lamitos e calcários.

d- Camadas vermelhas superiores, são consideradas unidades espessas, compreendem lamitos vermelhos, siltitos e camadas relativamente frequentes de calcário e anidrite.

A espessura máxima da formação Fatha na área estudada atinge 288 m e ocupa o núcleo do anticlinal de Hamrin. A Formação Fatha constitui as rochas de cobertura dos reservatórios de petróleo e da água de formação no campo petrolífero de Hamrin.

2. 2. 2. 2. Formação Injana

A formação foi descrita pela primeira vez por Busk e Mayo no Irão, em 1918, sob o nome de formação Upper Fares e, subsequentemente, foi amplamente reconhecida no Iraque, tendo sido renomeada formação Injana no Iraque, perto de Injana, no sul do anticlinal de Hamrin (Jassim et al., 1984). Compreende sedimentos de grão fino e molassos depositados inicialmente em ambiente costeiro e mais tarde em ambiente fluvio-lacustre. A idade de formação aceitou o Miocénico tardio. A unidade basal compreende arenito calcário de leito fino, siltito, margas e lama castanha avermelhada e cinzenta acastanhada (Jassim e Goff, 2006). A espessura da formação é de (132 m) na área de estudo e consiste em três membros, membro de transição, membro inferior de argila e membro superior de arenito. Os últimos membros são diferenciados de acordo com a prevalência de argila e arenito, respetivamente (Deikran, 2003).

2. 2. 2. 3. Formação de Mukdadiyah

A formação Muqdadiya foi descrita pela primeira vez no Irão por Busk Mayo em 1918, com o nome de formação Bakhtiari inferior. O nome Muqdadiya foi introduzido por Jassim et al. (1984). A formação é composta quase exclusivamente por clastos terrígenos, desde siltes a conglomerados de rochas. Em geral, o tamanho do grão dos clásticos aumenta para cima (Buday e Jassim, 1980). A idade da formação é o Plioceno inferior e o seu ambiente sedimentar é representado por um ambiente fluvio-lacustre (Lateef, 1975). A espessura da formação é de 180 m na área de estudo e não está exposta de forma contínua em ambos os membros do anticlinal. É composta por arenito médio a grosseiro com arenito de seixos na parte inferior (Lateef, 1975).

2. 2. 2. 4. Formação Bai-Hassan

A formação Bai-Hassan foi descrita pela primeira vez no Irão por Busk e Mayo em 1918, com o nome de formação Bakhtiari superior. O nome Bai-Hassan foi utilizado por Jassim et al. (1984). As diferenças entre as duas formações residem na idade e na granulometria. A formação Bai-Hassan tem um tamanho de grão mais grosseiro do que a formação Mukdadiya e é mais jovem em idade. A formação Bai-Hassan consiste em dois membros, o membro conglomerado (conglomerado com leitos lenticulares de arenito) e o membro argiloso (siltoso a arenoso, argilito calcário) (Deikran, 2003) com espessura da formação de (137m.). A formação Bai-Hassan foi depositada em ambiente fluvio-lacustre. A formação é sobreposta por cascalhos de terraço e/ou depósitos aluviais e é coberta por sedimentos de grão fino de idade quaternária (Jassim e Goff, 2006).

2.2.3. Depósitos quaternários

Os sedimentos quaternários cobriram grande parte da área estudada. Estes sedimentos representam terraços fluviais, sedimentos de encostas, sedimentos de enchimento de vales e solos residuais. Estes sedimentos diferem muito consoante o tipo de rochas-mãe e o processo de meteorização. Estes depósitos atingem uma espessura de vários metros, dependendo da topografia da área (Al Ward, 2012).

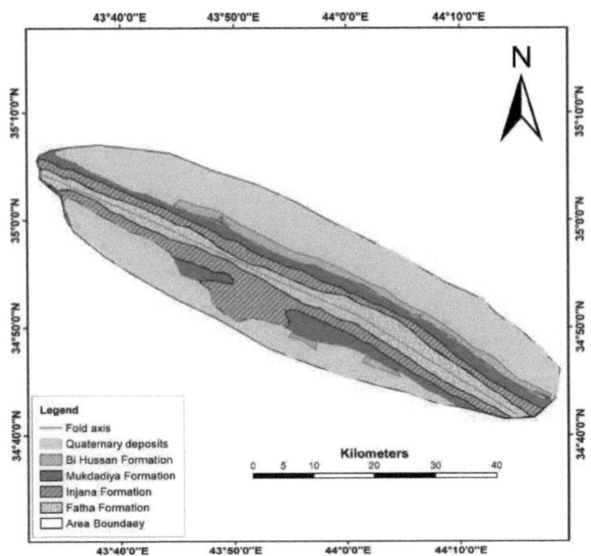

Figura (2. 1) Mapa geológico da formação de superfície (Modificado de Al Naqib, 1959)

2. 3. História Tectónica

A área de estudo faz parte da Zona Dobrada de Zagros, que é uma parte da margem passiva do norte da Arábia, que se formou pelo menos durante o Triássico e durou até ao Pliocénico (Jassim e Goff, 2006). Formou-se como resultado da abertura do oceano Neotethys com falhas normais de tendência NW juntamente com algumas falhas transversais de tendência NE que controlam a deposição e a distribuição de fácies durante o Mesozoico-Terciário (Dewey et al., 1973). Em direção a nordeste, a margem ativa começou a formar-se durante o final do Cretáceo - início do Terciário devido à colisão das placas da Arábia e do Irão (Hijab e Al-Dabbas, 2000), com a progressão do tempo a margem ativa migrou para sudoeste e resultou na dobragem e elevação da Zona Baixa Dobrada de Zagros (incluindo a área de estudo) durante o Plioceno (Dewey et al., 1973). Esta inversão tectónica foi coeva com o rifting anterior, resultando na formação de um impulso na direção SW deslocado nas falhas normais anteriores com tendência NW (Jassim e Goff, 2006). Este movimento compressional resultou em dobras de tendência NW e na formação de rampas laterais e oblíquas ao longo das falhas transversais (Jassim e Goff, 2006) (Figura 2. 2).

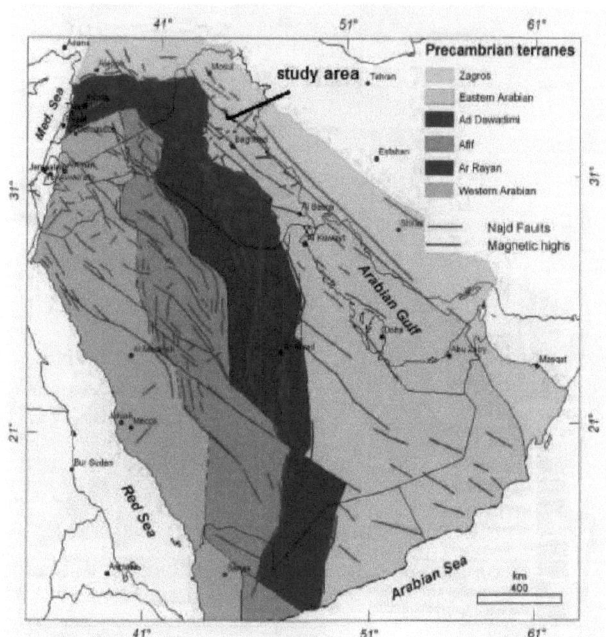

Figura (2.2) Limites da Placa Arábica (Jassim e Goff, 2006)

2. 3.1. Divisão tectónica do Iraque e área de estudo

De acordo com a divisão tectónica do Iraque, a área de estudo situa-se no limite sudoeste da zona de sopé da área da plataforma instável (Jassim e Goff, 2006). O sopé da colina foi dobrado de forma relativamente suave durante o plioceno e é caracterizado por sinclinais rasas mais largas (Buday, 1973). Esta zona subdivide-se ainda em duas unidades longitudinais, as subzonas Hamrin-Makhul e Chemchamal-Butmah. A subzona de Hamrin-Makhul, onde se situa a área de estudo, é considerada uma das partes mais profundas de toda a zona, subsidiada desde o Jurássico superior até ao Cretácico superior, relativamente mais elevada no Paleogénico (Jassim e Goff, 2006).

O Iraque foi dividido tectonicamente pelos investigadores em muitas divisões, dependendo de diferentes bases (Figura 2.3). Bolton, 1958, dividiu o Iraque em três zonas principais, dependendo das bases estruturais e estratigráficas destas secções.

1- Zona de impulso, 2- Zona dobrada, 3- Zona não dobrada

Dunnington (1958) e Al-Naqib (1967) subdividiram o Iraque em três zonas principais: Zona de Nappe, zona dobrada e zona desdobrada. Ditmar et al. (1971) dividiram o Iraque em quatro zonas estruturais, consoante as noções de geossinclinais:

1- Geossinclinal de Zagros, 2- Zona de falha central, 3- Flanco do geossinclinal próximo da profundidade anterior, 4- Flanco da plataforma próxima da profundidade anterior.

Buday (1973) classificou a geologia do Iraque em zonas e subzonas. Posteriormente, introduziu as mesmas divisões no estilo desenvolvido em Buday & Jassim (1987), quando dividiu o Iraque tectonicamente em função das noções de geossinclinais, tal como indicado na figura (2.3).

1- Plataforma estável, 2- Plataforma instável

A divisão tectónica moderna do Iraque sugerida por Jassim e Goff (2006) é uma extensão de Buday (1973) e Buday e Jassim (1987), onde o Iraque é dividido em três unidades principais.

1 - Unidades de prateleira estável: Esta está dividida em três zonas básicas:

A - zona de Rutba - Jezira, B - zona da Mesopotâmia, C - zona de Salman

2 - Unidades de plataforma instável: Esta subdivide-se em três zonas:

A - Zona de pé de colina (onde se situa a zona de estudo), B - Zona de alto relevo.

C - Zona Imbricada

3 - Unidades da sutura de Zagros: Esta subdivide-se em três zonas:

A- zona de Qulqula - Khuwakurk, B- zona de Penjween - Walash, C- zona de Shalair (Sanandaj - Sirjan).

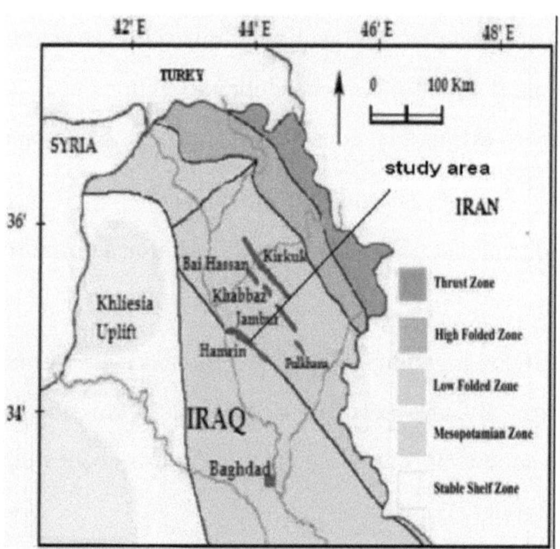

Figura (2. 3) Divisão tectónica do Iraque (segundo Buday e Jassim 1987)

2. 4. Estruturas do campo petrolífero de Hamrin

2.4.1. Anticlíneo

O anticlíneo norte de Hamrin, que forma o campo petrolífero de Hamrin, é um anticlíneo assimétrico, duplamente mergulhante, com o membro sul mais íngreme do que o membro norte. Esta inclinação é bem visível nos ciclos exteriores da sequência evaporítica (Lateef, 1975). O comprimento do anticlíneo é superior a 101 km e a largura varia entre (4-7) km. O limbo sudoeste é curto e de grande mergulho (50°-70°), enquanto o limbo nordeste é longo e de menor mergulho (10°-15°) (Lateef,1975). A maior parte da estrutura compreende a formação Fatha nos núcleos com a base não exposta, as camadas exteriores das formações Injana, Mukhdadiy e Bi Hussan. O anticlíneo de Hamrin é constituído principalmente por três cúpulas com duas selas associadas (de noroeste para sudeste). A cúpula de Albufudhul, que é a maior em magnitude, começa em Al Fatha e estende-se para sudeste por uma distância de 40 km de comprimento e uma largura média de 5 km. A cúpula de Albufudhul mostra um derrube local posterior no lado sudoeste (Al Ward, 2012). O mergulho a noroeste é maior do que o mergulho a sudeste, que termina na sela de Darb almilh (Al Naqib, 1959). A cúpula de Nukhaila é a mais pequena, começando em Darb almilh e estendendo-se em direção a SE por uma distância de 23 km e uma largura de 6 km. A cúpula de Nukhaila apresenta uma pequena inclinação para sudeste e termina na sela de Nukhaila. A cúpula de Allas, que se estende por uma longa distância de 38 km na direção sudeste e tem uma largura de 5-7 km. É influenciado por falhas de impulso que se estendem na direção NW-SE paralelamente ao eixo do anticlíneo, o que leva à deslocação do lado nordeste para o lado sudoeste, levando ao desaparecimento da zona de charneira na maioria dos domos (Al Miahy, 2004). O domo de Allas desce gradualmente para sudeste e termina no rio Adhami. Estes domos são complicados por dobras menores acompanhadas e também por numerosas falhas (Al-Naqib, 1959).

2. 4. 2. Sistema de fracturas no anticlíneo de Hamrin Norte

As fracturas são superfícies no interior dos corpos rochosos ao longo das quais ocorreu uma perda total ou parcial de coesão. Estas fracturas incluem juntas, falhas, fissuras e veios (Ramsay e Huber, 1987). As fracturas são o resultado da falha frágil das rochas. A existência de fracturas em qualquer estrutura geológica indica que a estrutura foi sujeita a forças tectónicas, especialmente se essas fracturas forem sistemáticas (Hobbs et al, 1976). Van der Pluijm e Marshak (2004) referem que existem dois tipos de fracturas.

1. Fracturas sistemáticas

As fracturas sistemáticas são conjuntos de fracturas paralelas ou subparalelas entre si, e que mantêm aproximadamente o mesmo espaçamento médio na região de observação. As fracturas sistemáticas podem atravessar muitas camadas de estratos ou estar confinadas a uma única camada de estratos (Van der Pluijm e Marshak, 2004) (Figura 2. 4).

2. Fracturas não sistemáticas

As fracturas não sistemáticas têm uma distribuição espacial irregular, não são paralelas às fracturas vizinhas e tendem a ser não planas. Tanto as fracturas sistemáticas como as não sistemáticas podem ocorrer no mesmo afloramento (Van der Pluijm e Marshak, 2004) (Figura 2. 4).

As fracturas podem ser classificadas em dois tipos, dependendo das suas caraterísticas e propriedades: falhas e juntas. As juntas podem ser classificadas de acordo com a separação da sua superfície e o tipo de materiais de enchimento (Fissuras e Veias) (Van der Pluijm e Marshak, 2004).

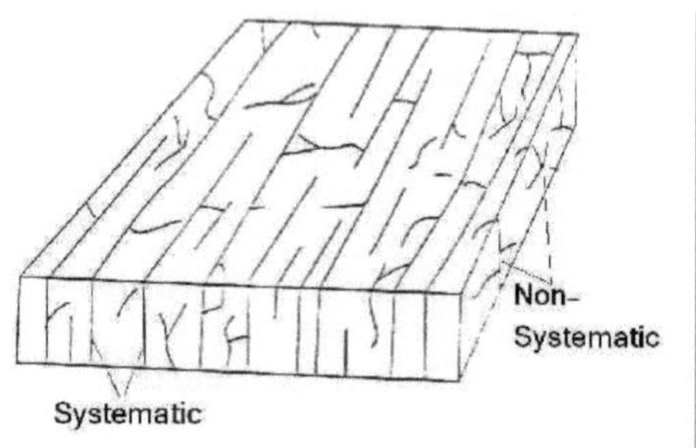

Figura (2. 4) Fracturas sistemáticas e não sistemáticas (Van der Pluijm) e Marshak, 2004).

As fracturas na área de estudo estão divididas em dois tipos, de acordo com a classificação genética das fracturas (AL Miahy,2004 e Al Wared,2012).

1. Fracturas de extensão

As fracturas de extensão resultam de tensões que tendem a separar o espécime, resultam principalmente de tensão e também de pares e compressão. As fracturas de extensão são geralmente resultantes indiretamente da compressão (Hancock,1985) (Figura 2.5). As fracturas de extensão em estudo formam dois conjuntos, (ac) está na direção (NE-SW) e paralelo para leitos de mergulho e perpendicular no eixo anticlinal, enquanto o conjunto (bc) está na direção (NW-SE) e paralelo para o eixo anticlinal. Os conjuntos (ac, bc) são perpendiculares no plano de assentamento e intersectam-se com outros em ângulo vertical para formar um sistema de fracturação ortogonal. A maioria das fracturas de extensão são juntas e fissuras. A direção média de (ac) é N30E e (bc) N60W (Al Miahy,2004).

2. Fracturas de cisalhamento

As fracturas de cisalhamento resultam de tensões que tendem a fazer deslizar uma parte da rocha por outra parte adjacente, e que se formam inclinadas em relação à direção da tensão de compressão (Hancock,1985) e (Plummer et al, 2003) (Figura 2. 5). A fratura de cisalhamento na área de estudo forma 3 sistemas de fratura de cisalhamento conjugado (Al Ward, 2012).

(a) Sistema (hol) agudo (a)

(b) Sistema (hol) agudo (c)

(c) Sistema (hko) agudo (a)

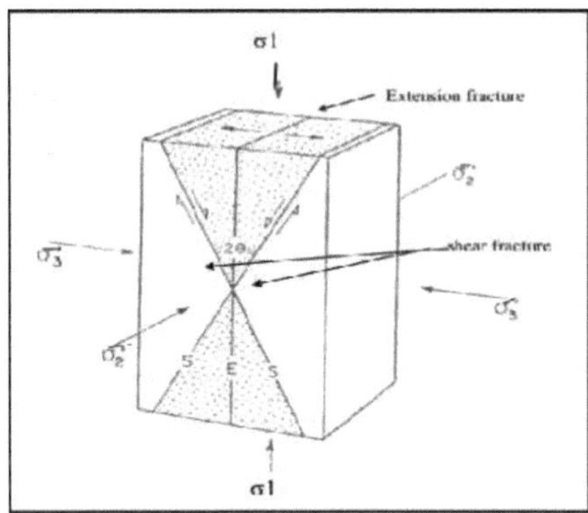

Figura (2. 5) Fracturas de cisalhamento e extensão (Hancock, 1985).

As falhas na área de estudo desempenham um papel na deslocação da formação geológica. O nível de formação geológica no lado nordeste é superior ao da formação geológica no lado sudoeste (Al Naqib, 1959). Existem duas falhas na área de estudo (Figura 2.6). A (F1) desloca o anticlíneo norte de Hamrin (cúpula de Albufudhul) para o anticlíneo de Makhul (Al Ward, 2012), enquanto a (F2) é evidente no mergulho norte da cúpula de Nukhaila, que separa a cúpula de Albufudhul da cúpula de Nukhiala (Lateef, 1975) e (Al Ward, 2012).

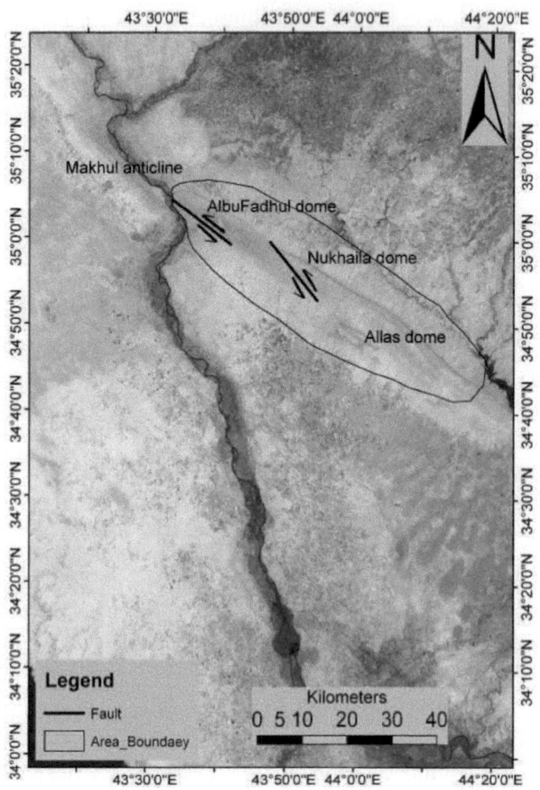

A imagem de satélite da Figura (2. 6) mostra três cúpulas do anticlíneo Hamrm norte e a direção das falhas na área de estudo (Al Ward, 2012).

2. 4. 3. Estrutura da subsuperfície do campo petrolífero de Hamrin

O mapa de contorno da estrutura representa a profundidade de uma formação específica a partir da superfície. O princípio do mapa de contorno da estrutura é o mesmo que o utilizado num mapa topográfico, mas mostra os pontos altos e baixos das camadas enterradas (Halliburton, 2001). Os mapas de contorno da estrutura são considerados um dos esboços geológicos importantes utilizados basicamente em processos de exploração e desenvolvimento em diferentes aspectos geológicos (Al Naemi, 2012). São considerados o único meio através do qual a direção, a forma e o tamanho das estruturas podem ser compreendidos e, eventualmente, o tamanho do reservatório de hidrocarbonetos também pode ser explicado (Al Naemi, 2012).

O mapa de contorno da estrutura do topo de Jeribe (Figura 2.7) mostra que o campo petrolífero de Hamrin representa um grande anticlíneo assimétrico e é constituído por três domos de NW a SE (domos de Albufudhul, Nukhaila e Allas), separados por duas falhas de deslizamento. O limbo sudoeste é mais íngreme do que o limbo nordeste devido à influência da falha regional Thrust no anticlíneo. O anticlíneo subsuperficial norte de Hamrin é influenciado por quatro falhas. F1 representa uma falha normal, paralela ao ramo nordeste e dirigida para o ramo sudoeste, F2 representa uma falha normal paralela ao ramo sudoeste e dirigida para o ramo nordeste, F3 representa uma falha de deslizamento de ataque à direita que se estende na direção N-S e separa o domo de Allas do domo de Nukhaila, enquanto F4 representa uma falha de deslizamento de ataque à direita que se estende na direção N-S e separa o domo de Nukhaila do domo de Albufudhul (relatório final do poço do campo petrolífero de Hamrin).

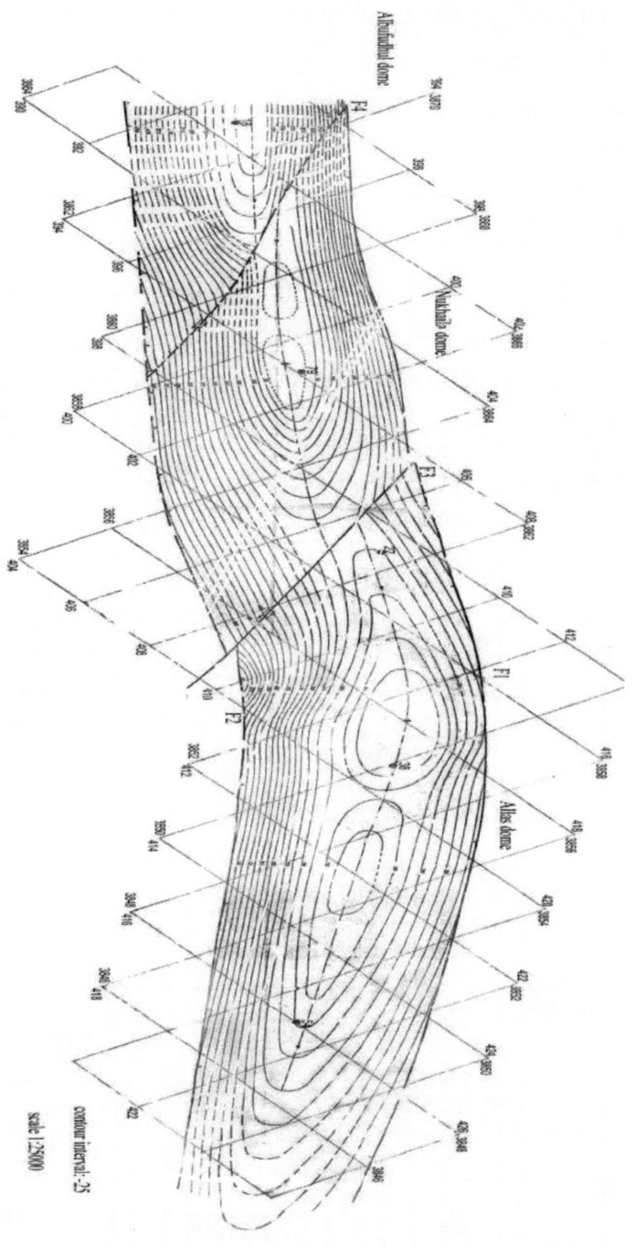

Figura (2.8) Mapa de contorno da estrutura da formação superior de Jeribe no campo petrolífero de Hamrin! Renomeação final do poço do campo petrolífero de Hamrin na NOC)

2. 5. Topografia e Geomorfologia da área de estudo

A topografia da área estudada reflecte obviamente as caraterísticas estruturais da área. A presença de dobras e fracturas (falhas) teve um papel significativo na formação da área, bem como na complexidade estrutural da estrutura anticlinal de Hamrin. A expressão de superfície consiste numa estrutura anticlinal composta de tendência NW-SE, constituída por três cúpulas principais separadas por uma área de sela suave. A topografia da superfície dos três domos varia de 500 m. a. s. l no NW (domo de Albufudhul) a 190 m. a. s. l no SE (Allas) (Figura 2.8).

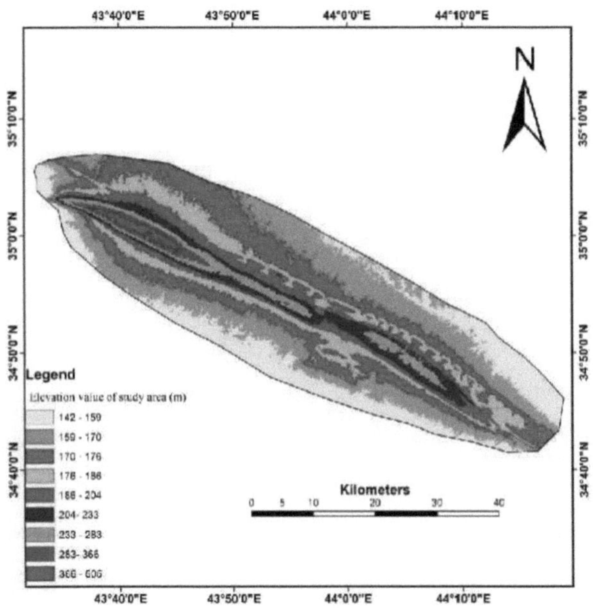

Figura (2. 8) Mapa de elevação da área de estudo gerado a partir de dados DEM (resolução 30 m)

A geomorfologia da área de estudo é controlada basicamente por muitos factores, como a litologia e a estrutura (Lateef, 1975).

1. Controlo litológico das caraterísticas geomorfológicas

A presença de graus relativamente diferentes na competência da rocha, a meteorização diferencial e a erosão estão a ter uma parte considerável na exibição da dobra na forma atual (Dekern, 2003). A maior parte da parte central do anticlíneo de Hamrin norte é constituída pela sequência evaporítica da formação Fatha. Os estratos de gesso, que são relativamente resistentes à meteorização, produzem a forma de cordilheira hog back, enquanto a sequência sobrejacente (formações Injana e Mukdudiy), que é uma alternância de leito competente (arenito) e não competente (argilito), dá origem a um padrão de drenagem em treliça e a uma estrutura hog back (Al Naqib, 1959) e (Lateef, 1975).

2. Controlo estrutural das caraterísticas geomorfológicas

O fator estrutural (dobras e falhas) é essencial na área de estudo. Os máximos crestais dos três domos representam as porções topográficas e geológicas mais elevadas, enquanto as selas correspondentes e a área sinclinal adjacente são as mais baixas. Ao longo da cúpula de Albufudhul, a assimetria do anticlíneo parece afetar fortemente a magnitude dos vales, o membro suave N-NE é caracterizado por vales relativamente mais rasos em comparação com os vales profundos do membro sudoeste mais íngreme (Lateef, 1975). A cúpula de Nukhaila surge de falhas oblíquas que iniciam escarpas proeminentes, uma dessas grandes elevações é iniciada a poucos quilómetros através da sequência de Fatha por muitos quilómetros para sudeste, enquanto a cúpula de Allas (flanco sudoeste) se eleva a uma estrutura muito densa de vales na sequência de Fatha em comparação com o flanco nordeste (Al Naqib, 1959). A diferença de relevo entre o domo de Albufudhul, na parte noroeste, e o domo de Allas, na parte sudeste, deve-se à intensidade relativamente elevada de dobras no domo de Albufudhul e à combinação de dobras e falhas no domo de Allas. Consequentemente, a área estudada pode ser classificada como um relevo de denudação estrutural. A elevada intensidade de dobragem na cúpula de Albufudhul resulta em muitos hogbacks e cuestas, enquanto a combinação de dobragem e falhas na cúpula de Allas resulta em terrenos de badland. Existem muitas caraterísticas geomorfológicas na área de estudo que podem ser resumidas da seguinte forma.

2. 5. 1. Cuesta

São camadas de rochas com declives de grau médio a médio, com um lado íngreme e um lado inclinado e, geralmente, a inclinação dos leitos não excede (15°). A Questa é a rocha continental frontal, afiada e íngreme. Tem também pés longos menos íngremes do que os primeiros chamados de costas (Al- Hachem, 2012). Observa-se no lado sudoeste do anticlíneo de Hamrin (Al-Doury, 2012). Esta caraterística contribui para a percolação das águas superficiais através de um menor grau de inclinação dos estratos rochosos em contraste com o hog back.

2. 5. 2. dorso do porco

Define-se como um cume ou meio-dia agudo e composto sob a forma de camadas de rocha com uma inclinação (45°). A diferença entre ela e a cuesta está no grau de mergulho dos estratos rochosos. As costas de Hog cobrem áreas limitadas e estreitas na área de estudo, sendo observadas no membro nordeste do anticlinal de Hamrine (Al Doury, 2012).

2. 5. 3. Vales

Os vales são simplesmente depressões lineares na superfície terrestre (Huggett, 2003). Os diferentes vales na área de estudo reflectem as fracturas que são produzidas pela ação do movimento tectónico e/ou pela ação de falhas. Para além destes, outros vales foram formados pela ação da erosão acelerada durante as estações de chuva que dominam esta área. . Os vales podem ser divididos em vales de mergulho, que são paralelos à direção de mergulho dos leitos, e vales de ataque, que são paralelos à direção de ataque dos leitos. Geralmente, estes vales são intersectados por colinas. Os vales formaram-se devido à erosão diferencial de rochas moles, como os siltitos, os argilitos e os margas, mais do que de rochas duras, como os arenitos e os conglomerados. Estes vales foram observados em grande parte do anticlíneo de Hamrin (Al janabi, 2010). Os vales de densidade ajudam no escoamento superficial para fora da bacia, o que diminui a percolação das águas superficiais, especialmente na cúpula de Allas.

2. 5. 4. Cavernas

As grutas resultam da erosão de rochas incompetentes, tais como margas e pedras argilosas, mais do que da erosão de rochas competentes, tais como arenitos (Youkhanna, 1978). As grutas na área de estudo foram formadas pela erosão de rochas argilosas pela água, e podem ajudar na percolação de águas superficiais.

2. 5. 5. Colinas

As colinas resultam da resistência das rochas duras à erosão (Al-Dulaimy, 2006). (Singhal, B. B. e Gupta, R. P. 1999) dividiram as colinas residuais em colinas superiores e inferiores, como inselberg, frontão, frontão enterrado e enchimento do vale, respetivamente. Existem várias colinas observadas na área de estudo, com diferentes alturas e constituídas por rochas de arenito médio a grosseiro (Al janabi, 2010).

2. 5. 6. Cataratas das Rochas

A queda de rochas é um tipo comum de movimento de massa extremamente rápido em que rochas de qualquer tamanho caem por gravidade (Youkhanna,1978) e (Plummer, 2007). Na área de estudo, as quedas de rocha ocorrem ao longo das arribas íngremes e podem ser causadas por um corte inferior na base da encosta devido à erosão. É observada em dois membros do anticlíneo Hamrin norte (Al Ward, 2012).

2. 5. 7. Deslizamento de rocha

O deslizamento de rocha é o movimento de materiais ao longo de uma ou mais superfícies de falha (Youkhanna,1978) e (Plummer, 2007). Na área de estudo, a maioria dos deslizamentos de rocha ocorre porque os declives locais e as camadas de rocha mergulham na mesma direção, embora também possam ocorrer ao longo de fracturas paralelas ao declive. Isto é observado nos dois lados do mergulho a sudeste e a noroeste do anticlinal de Hamrin.

2. 5. 8. Badland

Trata-se de uma forma particular de degradação dos solos e é um termo geral que se refere ao facto de os solos se tornarem parcial ou totalmente improdutivos devido a várias razões, tais como a elevada intensidade das chuvas, uma diferença de altura considerável entre o solo de superfície e o curso de água que recebe a água do solo de superfície, o que provoca um declive acentuado e, por conseguinte, uma velocidade erosiva do fluxo nos canais e ravinas que alimentam o curso de água e uma interferência biótica incontrolável na bacia hidrográfica através de pastoreio excessivo, queimadas e corte da vegetação para cultivo (Deshmukh et al., 2011). O contraste das caraterísticas das terras más na cúpula de Allas resulta num elevado escoamento superficial na cúpula de Allas.

2.6.Clima da zona de estudo

A área de estudo é considerada o elo de ligação entre a região norte e a região sul, onde o clima da área de estudo é oscilante e está em oposição ao clima do Iraque em geral, que se caracteriza por uma seca completa no verão e pela elevada flutuação na quantidade de precipitação anual. A estação das chuvas começa, em geral, no Iraque, no inverno (dezembro, janeiro, fevereiro). Os dados relativos à precipitação e à temperatura foram registados na estação de Tikrit para o ano de 1985-2009 (Quadro 2.1). A precipitação média atinge 23 mm por ano. A precipitação desempenha um papel importante no presente estudo através da percolação na água de formação, o que leva a uma diluição da química da água de formação. Para além da precipitação, as temperaturas caracterizam-se por uma variação entre as estações do ano em que as temperaturas no verão atingem mais de 45 graus enquanto que no inverno são baixas, esta variação desempenha um papel principal na expansão e contração dos componentes metálicos que consistem em rochas, bem como é considerado um dos factores físicos que influencia a meteorização das rochas, pelo que ajuda a criar fraquezas nas rochas que levam à percolação da água da chuva na água de formação.

Tabela (2.1) precipitação média mensal e temperatura para a estação climática de Tikrit para o período (1989- 2008) (Autoridade Geral para a Meteorologia do Iraque)

Mês	A. Queda de chuva (mm)	A. Temperatura
Jan	34.3	8.5
Fev	31.2	10.9

Mar	26.6	15.9
abril	12.8	22.3
maio	5.5	28.8
Jun	0.0	33.9
Jul	0.0	36.8
agosto	0.0	35.5
setembro	0.6	31.4
outubro	12.2	25.1
Nov	25.0	16.0
Dez	25.1	10.2

Capítulo 3

Água de formação e revisão da literatura

3.1.Prefácio

O objetivo deste capítulo é rever o conceito de água de formação. Este capítulo revê o conceito básico de água de formação, a classificação da água de formação, a composição típica da água de formação, as causas da variação da salinidade da água de formação e os vários factores geológicos que controlam este fenómeno. Em seguida, revê os estudos anteriores que tratam do campo petrolífero de Hamrin, os estudos globais e locais da hidrogeoquímica da água de formação, os estudos da variação da salinidade da água de formação, os estudos da origem da água de formação e os estudos que tratam dos factores que controlam as propriedades da água de formação.

3.2.Noções básicas sobre a água de formação

3.2.1. Definição de água de formação

A água de formação é definida como a água natural presente nos poros e orifícios das rochas do reservatório antes da injeção de água para manter a pressão do reservatório (Collins, 1975). Esta água é também designada por (água do campo petrolífero) ou (água do reservatório). Existem muitas definições relacionadas com a água de formação, dependendo da origem e do tipo de materiais dissolvidos. Estas definições são.

1. Água meteórica: É definida como a água recentemente envolvida na circulação atmosférica e percolada para baixo. Constitui uma pequena parte do período geológico quando comparada com a idade das rochas circundantes (White. 1957).

2. Água congénita: É definida como a água que ficou retida nos poros dos sedimentos ou outras rochas durante as deposições, estas águas estiveram fora de contacto com a atmosfera desde a sua deposição (Kharaka e Carothers, 1986).

3. Água diagenética : É definida como água que foi libertada de fases sólidas como resultado de transformações minerais que ocorrem durante a diagénese (White. 1957).

4. Água intersticial: É definida como a água que preenche o espaço poroso dentro da formação, absorvida na superfície mineral da rocha ou retida na abertura capilar. A sua quantidade varia entre 10-50% dos espaços porosos, enquanto o restante é preenchido por hidrocarbonetos. As águas intersticiais são (1) singénicas (formadas ao mesmo tempo que as rochas envolventes), ou (2) epigenéticas (originadas por infiltração subsequente nas rochas) (Collins, 1975).

5. Água juvenil: Água que foi derivada do magma primário ou metamórfico. Esta água não é comum nos sistemas petrolíferos, mas é importante para os depósitos de minerais metálicos, como a água hidrotermal (White, 1957).

6. Água mista: É definida como água que pode ser causada pela confluência de água juvenil, conata ou meteórica. Na maioria das bacias existe uma zona de transição entre o aquífero superficial e a zona conata mais profunda (Selley,1998).

O termo salinidade é normalmente utilizado para descrever qualquer água que contenha sais dissolvidos. A salinidade é uma medida do total de sais dissolvidos (geralmente de Na, K, Ca e Mg) em solução, mas é frequentemente usada de forma intercambiável com o total de sólidos dissolvidos (TDS), que é a soma de todo o material inorgânico e orgânico não particulado (Houston,2007).

A salinidade da água de formação varia de quase fresca a salmoura salina densa. (Hem, 1970) estabeleceu um esquema de classificação que pode ser facilmente aplicado a diferentes tipos de água de formação. Se o total de sólidos dissolvidos da água for inferior a 10.000 mg/L, então é classificada como doce ou salobra, a água que contém entre 10.000 e 35.000 mg/L de sólidos dissolvidos é denominada muito salina, enquanto é denominada salmoura, quando o total de sólidos dissolvidos é superior a 35.000 mg/L. Por vezes, a água com 35 000 mg/L de sólidos dissolvidos é designada por água do mar salgada.

3.2.2. Classificações da água de formação

A água de formação é geralmente classificada em.

3.2.2.I. De acordo com a posição da água de formação em relação ao óleo

A água de formação é classificada, tanto quanto possível, de acordo com a sua posição em relação ao petróleo, (Rogers, 1917) sugere um diagrama para classificar a água de formação (Figura 3.1)

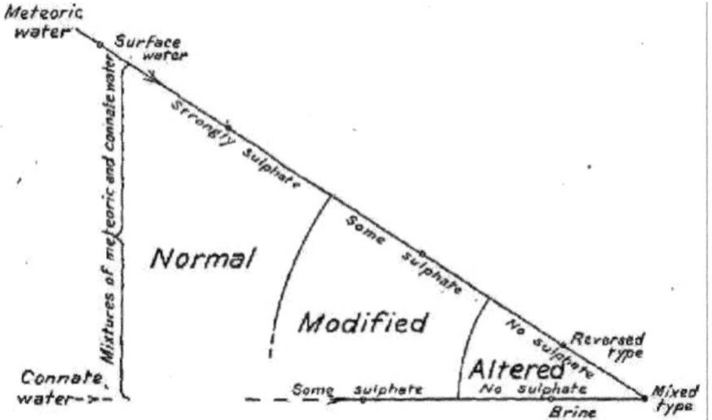

Figura (3.1) Diagrama que ilustra a relação das águas de formação dos tipos meteórica e conata, e a sua alteração à medida que a zona petrolífera se aproxima (Roger, 1917).

A classificação pode ser resumida da seguinte forma:

- Grupo (1) Água normal, fortemente sulfatada (tipicamente de origem meteórica).
- Grupo (2) Água modificada, menos fortemente sulfatada (pode ser meteórica ou conata, mas é geralmente uma mistura em que predomina a água meteórica).
- Grupo (3) Águas alteradas, praticamente sem sulfatos (águas meteóricas e conatas e misturas das duas).
- Invertida (água carbonatada, originalmente meteórica).
- Salmoura (água de cloreto, originalmente contida).
- Misto (água de cloreto-carbonato).

3.2.2.2. Água de formação classificada de acordo com os iões minerais dominantes presentes na solução.

O geoquímico russo (Sulin, 1946) classificou a água de formação com base em várias combinações de sais dissolvidos na água. Ele encontrou quatro tipos químicos básicos de água pertencentes aos quatro ambientes de distribuição natural de água (Tabela 3.1).

1. Condições continentais (terrestres) que favorecem a formação de águas sulfatadas, cujo tipo genético é (sulfato-sódio).

2. Condições continentais que favorecem a formação de água de bicarbonato de sódio. O tipo genético é (bicarbonato -sódio).

3. Condições marinhas e de tipo de água (cloreto-magnésio).

4. Condições de subsuperfície profunda na crosta terrestre e a formação de água do tipo (cloreto-cálcio).

Tabela (3.1) coeficientes que caracterizam o tipo genético da água (sulin,1946)

Type water	Na^+/Cl^-	$(Na^+ - Cl^-)/(SO_4)^{-2}$	$(Cl^- - Na^+)/Mg^{+2}$
Chloride-calcium	<1	<0	>1
Chloride-magnesium	<1	<0	<1
Bicarbonate-sodium	>1	>1	<0
Sulfate-sodium	>1	<1	<0

Sulin (1946) divide os grupos de água de formação em muitas classes porque estas classes expressam os constituintes dissolvidos nas águas num formato generalizado. Os tipos de água de sulfato-sódio, cloreto-magnésio ou cloreto-cálcio são classificados da seguinte forma:

(1) Classe A2: Predomina a alcalinidade secundária (carbonatos e bicarbonatos alcalino-terrosos).

(2) Classe S2: Predomina a salinidade secundária (sulfatos alcalino-terrosos e cloretos).

(3) Classe S1: Predomina a salinidade primária (sulfatos alcalinos e cloretos).

(4) Classe S3: Predomina a salinidade terciária (sulfatos e cloretos de ferro e alumínio e ácidos fortes livres)

As águas do tipo bicarbonatadas sódicas contêm bicarbonato de sódio e classificam-se do seguinte modo

(5) Classe A2: Predomina a alcalinidade secundária (carbonatos e bicarbonatos alcalino-terrosos)

(6) Classe A1: Predomina a alcalinidade primária (carbonatos e bicarbonatos alcalinos)

(7) Classe S1: Predomina a salinidade primária (cloretos e sulfatos alcalinos).

(8) Classe A3: Predomina a alcalinidade terciária (carbonatos e bicarbonatos de ferro e alumínio).

Bojarski, 1970, modificou o sistema de Sulins. Ele distinguiu os tipos de água subsuperficial da seguinte forma

1. A água do tipo (bicarbonatada-sódica) ocorre na zona superior de uma bacia de sedimentação, com intensa troca de água (hidrodinâmica), o que promove condições desfavoráveis à preservação dos depósitos de petróleo e gás natural.

2. Água do tipo (sulfato-sódio), indicando que todo o sódio reagirá com cloreto ou sulfato.

3. A água do tipo (cloreto-magnésio) é caracterizada pela zona de transição entre zonas hidrodinâmicas que se torna mais hidrostática na parte mais profunda da bacia.

4. Água do tipo (cloreto-cálcio), ocorre na zona mais profunda que está isolada da influência da água de infiltração e é hidrostática.

Bojariski, 1970, observou uma grande variação na composição química do tipo cloreto-cálcio e subdividiu este tipo da seguinte forma:

a. A primeira classe (cloreto-cálcio I) com (Na /Cl^{+-})> 0,85 é caracterizada por uma zona hidrodinâmica ativa com considerável movimento de água. É considerada uma zona de poucas perspectivas para a preservação dos depósitos de hidrocarbonetos.

b. A segunda classe (cloreto-cálcio II) com (Na /Cl^{+-}) 0.85-0.75, é caracterizada pela zona de transição entre uma zona hidrodinâmica ativa e uma zona hidrostática mais estável que é geralmente considerada uma zona pobre para a preservação de hidrocarbonetos.

c. A terceira classe (cloreto de cálcio III) com (Na /Cl^{+-}) 0.75-0.65 é caracterizada por condições favoráveis para a preservação de depósitos de hidrocarbonetos. É designado como um ambiente bastante favorável para a preservação de hidrocarbonetos.

d. A quarta classe (cloreto-cálcio IV) com (Na /Cl^{+-}) 0,65-0,50 é caracterizada pelo isolamento completo da acumulação de hidrocarbonetos, bem como pela presença de água residual. É considerada uma boa zona para a preservação de hidrocarbonetos.

e. A quinta classe (cloreto-cálcio V) com (Na /Cl^{+-}) <0,50, é caracterizada pela presença de água do mar residual antiga que foi altamente alterada. Este tipo é uma das zonas mais prováveis de acumulação de hidrocarbonetos.

3.2.3. Composição típica da água de formação

Toda a água de formação no mundo tem um número de conteúdo de caraterísticas comuns. Os principais componentes da água de formação são os catiões, os aniões e a matéria orgânica. As secções seguintes descrevem as caraterísticas típicas de todas as águas de formação.

3.2.3.I. Catiões - Metais alcalinos (Na, K)

A maioria das águas de formação contém mais sódio do que qualquer outro catião e acredita-se que seja de origem marinha (Collins, 1975). As suas concentrações são superiores a 100 000 mg/L na salmoura (Goldschmidt, 1958), enquanto que a sua concentração na água do mar é de cerca de 10 556 mg/L e superior a 14 000 mg/L nas águas de formação de vários campos petrolíferos no mundo (Tabela 32). A concentração de (Na) aumenta com o aumento da salinidade (Collins, 1975), enquanto que as águas de baixa salinidade tendem a ser dominadas por Na, porque os minerais de silicato que tamponam a sua concentração são relativamente solúveis (Hanor, 1994).

O potássio forma outro componente importante de muitos fluidos de reservatório, a concentração de potássio é menor do que a de sódio, e isto deve-se à baixa solubilidade dos minerais que contêm K-feldspato e resistentes à meteorização do que os minerais que contêm sódio, para além da adsorção de iões de potássio por minerais de argila que é mais do que o sódio (Hussein 2013).

3.2.3.2. Catiões - Metais alcalino-terrosos (Ca, Mg)

É considerado como um dos catiões mais importantes na água de formação. A concentração de (Ca) aumenta com o aumento do cloreto no campo petrolífero. A sua concentração na água do mar atinge 400 mg/L (Tabela 3.2) e as salmouras de subsuperfície contêm frequentemente 2000-3000 mg/L deste ião, chegando algumas a atingir 30000 mg/L (Collins, 1975). A concentração de (Ca) é significativa no estudo da água de formação, porque as alterações das condições químicas e físicas do reservatório, como o pH e a temperatura, causam a precipitação de cálcio, que tem um impacto negativo nas propriedades petrofísicas do reservatório (Al Yasiri, 2000).

As concentrações mais elevadas de magnésio na água do mar, com uma concentração média de 1300 mg/L, mas as salmouras de subsuperfície contêm desde menos de 100 mg/L até mais de 30000 mg/L, no entanto, o magnésio em muitas salmouras de subsuperfície está empobrecido se comparado com uma sequência de evaporação marinha (Mason, 1966) e a concentração de Mg na água de formação varia entre (3200-4150) mg/L, com uma média de 4150 mg/L (Tabela 3-2). A concentração de (Mg) é significativa no estudo da água de formação, porque é considerada como monitor da precipitação de dolomite que causa um impacto negativo nas propriedades petrofísicas do reservatório.

Tabela (3.2) Composição química da água do mar e da água de formação de outros campos petrolíferos (a nível mundial e local) em mg/L. Dados de: Mason, 1982. Collins, 1975, Al Khafaji, 2003, Al Marsoumi , 2005, Al Atabi , 2009, Hussein, 2013.

cations and anions / Field	Ca^{+2}	Mg^{2+}	Na^{+}	K^{+}	Cl^{-}	HCO_3^{-}	CO_3^{-2}	SO_4^{2-}
Sea water	400	1272	10556	380	18980	140	-	49
Oklahoma	9100	2432	54395	-	106216	450	-	68
Texas	21680	2638	42803	166	111860	330	-	30
Los Anglos	20000	523	48737	1040	80336	-	-	-
Mishrif	11020	2632	73572	1610	141953	233	-	01
NaharBenUmer	13913	2423	69786	1790	140229	248	-	12
Yamama	14259	2169	59583	640	123591	446	-	825
Collins, 1975	48800	2000	74500	650	188900	0	-	32
North Rumaila	14673	3542	58683	2400	123679	137	17.5	16
West Qurna	13724	1446	49720	Nil	104524	634	Nil	842

3.2.3.3. Composição aniónica

A água de formação é caracterizada por uma abundância de cloreto (Levons, 1967), que atinge 18980 ppm na água do mar (Tabela 3.2). A concentração de Cl- afecta as concentrações de todos os catiões, mas não a sua abundância relativa (Stefansson e Andrsson, 2000).

O sulfato e o carbonato formam outro componente importante de muitos fluidos de reservatórios, mas é menor do que o cloreto. A presença de sulfatos vai afetar diretamente o aparecimento e a atividade das bactérias redutoras de sulfato, que provocam a oxidação dos óleos e os convertem em crudes pesados (Collins, 1975). Enquanto a água carbonatada está geralmente associada à dissolução de calcário, hidrólise de silicatos ou gases vulcânicos (Taylor, 1958).

3.2.3.4. Matéria orgânica

As águas de formação estão frequentemente em contacto com hidrocarbonetos e contêm espécies orgânicas dissolvidas. Os componentes orgânicos das águas de formação incluem pequenas quantidades de moléculas orgânicas neutras de hidrocarbonetos e espécies aniónicas carregadas, para além de gases dissolvidos, como o metano (Hanor, 1994). Os ácidos orgânicos têm sido propostos como tampões de pH que controlam a dissolução do carbonato e contribuem para o CO_2 durante a diagénese (Hutcheon e Abercrombie, 1990), embora o equilíbrio de silicatos tenha geralmente capacidades de tampão de pH mais elevadas do que os carbonatos ou os ácidos orgânicos.

3.3.Causas da variação da composição da água de formação

Devido ao facto de as águas de formação em regiões de rochas sedimentares tenderem a seguir os planos de acamamento, a estrutura ou atitude das rochas tem um efeito importante na liberdade de circulação, que por sua vez influencia o carácter químico das próprias águas. As variações na composição são causadas pelas interações fluido-rocha e pela quantidade de precipitação (Schlumberger ,2011), (Figura 3.2).

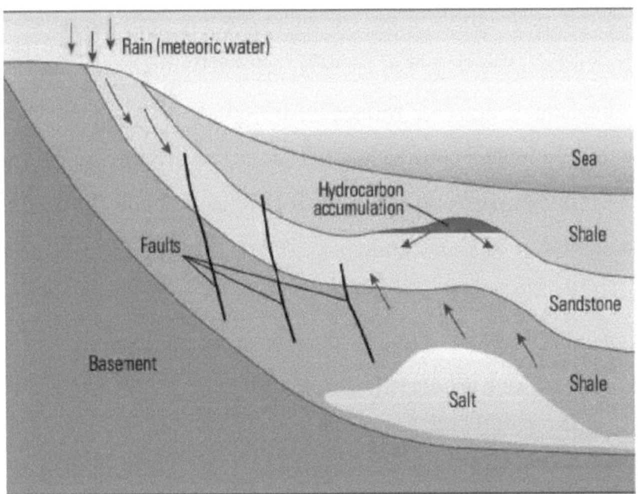

A Figura (3.2) mostra o movimento da água e os processos que podem influenciar a composição da água de formação (Schlumberger ,2011)

3.3.2. Interações fluido-rocha

Durante a deposição de rochas-reservatório em água e a partir de detritos biológicos, os processos de reação entre o fluido e a rocha envolvente iniciaram-se no momento da deposição. Estas reacções são controladas principalmente pelo tipo e concentração dos constituintes dissolvidos, pela mineralogia da rocha envolvente, pelos volumes relativos de água e rocha que interagem, pela pressão e pela temperatura (Salvador, 1987). Após a deposição, os sedimentos são enterrados e sujeitos a maior pressão e temperatura, o que acelera os processos de diagénese. A composição mineralógica e geoquímica, a temperatura e a pressão alteram-se com a compactação mecânica e química, que toma ou cede componentes através do fluxo ou difusão de fluidos (por vezes devido à reintrodução de águas superficiais) e da precipitação de cimentos, por exemplo, a concentração de magnésio pode ser reduzida por reação com a calcite para formar dolomite, a concentração de potássio pode ser reduzida pela formação de caulinite e ilite ou aumentada pela albitização de K-feldspato, o sódio e o cloreto podem aumentar devido à dissolução de halite em camadas (Bjorkum et al., 1998).

3.3.3. Recarga de superfície

A água meteórica pode infiltrar-se na subsuperfície em unidades sedimentares permeáveis (fracturas) (Worden et al., 1999), estes movimentos a partir da superfície causam a mistura com a água de formação, o que afecta a composição da água de formação devido à diluição com a água de superfície (Fontes e Matray, 1993). A diluição reduz a concentração de espécies dissolvidas e pode fazer com que a água fique sub saturada em relação aos minerais com os quais está em contacto, causando assim a dissolução e reacções associadas. A diluição de fluidos pode também fazer com que as águas de formação fiquem sub saturadas em certas espécies, forçando o sistema fluido-rocha a sair do equilíbrio termodinâmico e causando a dissolução de silicatos e carbonatos do reservatório (Houston, 2007).

3.4.Revisão de estudos anteriores

A . Estudos do campo petrolífero de Hamrin

3. Al Jwaini (2001) estudou a formação de Jeribe do ponto de vista sedimentológico e dividiu a formação em muitas fácies e compôs calcário e calcário dolomítico e determinou o ambiente de formação para recife e recife posterior.

4. Al Dabbas et,al (2011) estudaram a formação de Jeribe do ponto de vista sedimentológico e diagenético. Descobriram que o ambiente deposicional da formação

varia de um ambiente marinho pouco profundo restrito a um ambiente marinho profundo aberto, enquanto que para o aspeto diagenético descobriram que a formação foi afetada por parâmetros, o primeiro inclui o potenciador de porosidade que inclui a dissolução e a dolomitização, enquanto que o segundo grupo inclui a porosidade destrutiva, como a cimentação, a compactação e outros processos.

5. Fadil (2013) estudou a sedimentologia e as caracterizações do reservatório para a formação de Jeribe na cúpula de Allas. Descobriu que a formação é composta por calcário, calcário dolomítico afetado por processos diagenéticos e dividiu a formação de Jeribe em duas unidades (A e B) separadas por uma camada de xisto, bem como descobriu que o canal de porosidade em duas escalas Meso e Macro que melhoram os caracteres do reservatório.

B. Os estudos locais e globais da água de formação

a. Estudos locais da água de formação

1. Al Atroshy (1999) mostrou que a acidez da água do campo petrolífero de Zubair leva à dissolução do material de cimentação calcário no xisto, causando fracturas que permitem que os hidrocarbonetos migrem verticalmente para cima, para o membro de arenito na Formação Zubair. Mencionou também que o primeiro fecho estrutural se formou na formação Zubair durante o Cenomaniano inicial e que se manteve estável durante o Cenomaniano tardio.

2. Al Abbasy (1999) estudou a hidrogeoquímica e a hidrodinâmica do Cretáceo Superior do campo de Bagdade Oriental e referiu que o total de sólidos dissolvidos da água do campo petrolífero está diretamente relacionado com os iões Na^{+} ,Ca^{2+} ,Mg^{2+} , K^{+} e Cl^{-} e inversamente relacionado com os iões SO4 , Fe .$^{2+}$

3. Al Yasiri (2000) estudou a hidrogeoquímica da Formação Zubair no Campo de Rumaila Sul no Sul do Iraque. Confirmou que a água dos campos petrolíferos é caracterizada pela sua acidez, elevada salinidade e predominância de minerais de argila, como a caulinite, que representam o principal mineral presente nas rochas actuais e têm um grande efeito negativo nas propriedades do reservatório quando as propriedades químicas da água de formação são alteradas (baixa salinidade, pH

elevado).

4. Abbas (2002) determinou a origem da água do campo petrolífero em alguns poços estudados no campo leste de Bagdade (reservatório de Khasib) em termos de hidroquímica como água marinha antiga isolada não misturada com água meteórica.

5. Al Khafaji (2003) explica os aspectos hidrogeoquímicos e hidrodinâmicos da água dos campos petrolíferos em quatro reservatórios do Cretáceo no sul do Iraque. As águas dos campos petrolíferos são de origem marinha, antigas, isoladas e não foram misturadas com águas continentais recentes. Como cada reservatório é um sistema hidrogeológico fechado, representa um sistema hidroquímico único com uma composição química semelhante, elevada salinidade (entre 125 e 254 gm/l) e são todos do tipo água de cloreto-cálcio.

6. Al Marsoumi et, al (2005) estudaram a hidrogeoquímica do reservatório de Yamama, descobriram que a água de formação é do tipo cloreto de Na- Ca e sugerem a origem marinha da água de formação e a sujeição a vários graus de diagénese.

7. Fuad (2008) estudou a avaliação da formação do reservatório superior de Qamchuqa, no campo petrolífero de Khabbaz. Descobriu que a água de formação é do tipo cloreto de cálcio e está associada a um reservatório de sistema fechado. Além disso, determinou a descrição litológica, os caracteres do reservatório e a geoquímica do petróleo bruto.

8. Al Atabi (2009) estudou as caraterísticas físicas e químicas gerais da água de formação de Yamama em campos petrolíferos selecionados no sul do Iraque. O estudo confirma a ocorrência de dois tipos de água de formação: o primeiro é a água contida, que é salmoura, hipersalina e de natureza marinha, reflectindo a possibilidade de acumulação de hidrocarbonetos, e o segundo é a água de mistura, que reflecte a mistura de água marinha original com água meteórica percolante em vários graus.

9. Hussein (2013) estudou a hidrogeoquímica da água do campo petrolífero e os danos na formação do reservatório de Zubair no campo norte de Rumaila, no sul do Iraque. Sugeriu que a água de formação do reservatório de Zubair é de origem marinha de salinidade muito elevada, onde a média de TDS é de 215300 mg/l contendo elevadas

concentrações de iões dissolvidos. O cloreto é o predominante (123679 mg/l) e o sódio (59200 mg/l). O tipo de água é NaCa-cloreto. Regista-se uma correlação positiva entre o cloreto e cada um dos iões sódio e cálcio.

b. Estudos globais da água de formação

1. Chebotarev (1955) encontrou uma relação entre a qualidade da água e as concentrações de hidrocarbonetos, através da recolha de amostras de água de campos petrolíferos de diferentes campos do mundo. Ele também descobriu que a proporção de 72,7% da água do reservatório é do tipo cloreto de cálcio, 23% do tipo bicarbonatos e 3,3% do tipo sulfato. Concluiu que os sulfatos e bicarbonatos são água misturada com água de superfície levada a grandes profundidades.

2. Clayton et al. (1966) discutiram as águas de formação na Bacia do Michigan, tendo concluído que estas águas eram todas de origem meteórica com base em análises estáveis de isótopos de hidrogénio e oxigénio.

3. Graf et al. (1966) estudaram as águas de formação na Bacia do Michigan, sugerindo que as elevadas salinidades destas águas eram o resultado da filtração por membranas que ocorre durante a passagem da água através de sistemas de micro poros de xisto e da dissolução de halite em unidades próximas dos sais de salina.

4. Hubbert (1967) afirmou que os declives hidráulicos ocorrem em resultado de duas razões principais, que são as variações topográficas e a presença de anomalias de pressão subterrânea resultantes da variação da compactação sedimentar ao longo da bacia.

5. Billings et al. (1969) encontraram cinco tipos de águas de campos petrolíferos na bacia sedimentar do oeste do Canadá e postularam a origem de dois desses tipos. Um tipo de água foi formado por filtração selectiva por membrana, que produziu águas com elevada concentração de sólidos dissolvidos. Um segundo tipo era uma mistura de água de formação concentrada por membranas e águas amargas formadas após a precipitação de halite mas antes da precipitação de silvite.

6. Bajorski (1970) estudou a hidroquímica dos reservatórios de água de vários campos

de petróleo no mundo. Concluiu que a água de cloreto de cálcio é sempre acompanhada pela acumulação de hidrocarbonetos, especialmente aqueles que contêm uma elevada proporção de cloreto mineralizado e uma baixa concentração de sulfato.

7. Dollar (1991) estudou a água de formação no sudoeste de Ontário, no Canadá e no sul de Michigan, nos Estados Unidos. Ele descobriu que a água de formação contém salmouras altamente concentradas (> 300 g/L TDS) existentes na maioria dos estratos, estas salmouras são geralmente Ca-Na-Cl na composição, embora ocorra alguma variabilidade de Ca/Na, enquanto outras são a água salina diluída e salobra.

8. X. N. Xie et al., (2003) estudaram a variação regional da química da água de formação e a reação de diagénese em sistemas sob pressão. Verificaram que a variação da salinidade da água de formação e a reação de diagénese estão intimamente relacionadas com os ambientes hidroquímicos em diferentes sistemas de pressão e sugerem que a variação da salinidade resulta da evaporação da água de formação e da interação água-rocha, enquanto a reação de diagénese resulta no enriquecimento de (Ca) e (Cl) e na redução de (Na) pode estar relacionada com a albitização.

Capítulo 4

Análise de Fracturas e Lineamentos

4.1.Prefácio

As fracturas podem ser definidas como estruturas e superfícies bidimensionais resultantes do comportamento frágil das rochas. São consideradas evidências da falta de coesão das rochas (Hobbs et al., 1976). Resultam de deformações (deformações rápidas) nas rochas devido ao facto de estas serem influenciadas por baixo calor e pressão (deformação frágil) (Rowland, 1986; Nicolas, 1987). O termo deformação frágil é utilizado para designar o processo de transformação permanente, que ocorre no material rochoso duro devido ao crescimento de fracturas no mesmo ou devido ao deslizamento (Van der Pluijm e Marshak, 1997). Existem dois tipos de processos de deformação frágil primária. A fratura por tração resulta em juntas. As fracturas por cisalhamento são as primeiras rupturas iniciais resultantes de forças de cisalhamento que excedem a resistência coesiva nesse plano (Hobbs et al, 1976). As fracturas são geralmente acompanhadas por várias caraterísticas, que caracterizam as superfícies da fratura e o espaço entre elas. Estas incluem o grau de curvatura, a abertura, a continuidade, a rugosidade, as marcas superficiais e o tipo de preenchimentos (Van der Pluijm e Marshak, 2004). Estas são as caraterísticas mais importantes que afectam a passagem ou a percolação das águas meteóricas e fluviais ao longo da rutura, bem como o grau de agressividade da água e o potencial de solução (Arkin,1989). Este capítulo concentra-se no estudo dos lineamentos que foram detectados a partir de imagens de satélite para mostrar a sua influência na concentração de salinidade da água de formação no campo petrolífero de Hamrin.

4.2.Definição de lineamentos

O mapeamento de lineamentos é uma componente essencial para os estudos de estruturas regionais e para a análise tectónica local e regional, a fim de os utilizar nas explorações minerais e petrolíferas e nos estudos estruturais hidrológicos (Scanvic, 1983). Os lineamentos são descontinuidades lineares topográficas em ligação direta com as falhas e as fracturas compostas, e estão associados a caraterísticas geomorfológicas ou a várias estruturas tectónicas como falhas, fracturas, eixos de dobras e contactos litológicos e presumivelmente reflectem fenómenos subsuperficiais (El Hadani, 1997). O efeito subsuperficial é válido se a origem do lineamento for controlada por estruturas geológicas, como falhas e fracturas (O'Leary et al., 1976). Outros tipos de lineamentos resultam de efeitos morfológicos (canais de água ou divisões de drenagem) ou de efeitos humanos (estradas, limites de campos) que também podem existir na região (El Hadani, 1997).

As fracturas são frequentemente reveladas como traços lineares ou curvilíneos nas imagens de satélite. Estas linhas de imagem de diferentes contrastes são normalmente designadas por lineamentos e podem estender-se de alguns metros a dezenas de quilómetros de comprimento (O'Leary et al.,1976). Os lineamentos relacionados com declives acentuados, segmentos rectos de vales, mudanças abruptas na cobertura vegetal e curvas súbitas ao longo dos cursos dos rios foram avaliados como potenciais fracturas (Scanvic, 1983).

4.3.Dados utilizados no presente estudo

Neste estudo, são utilizados dois tipos de dados:

imagem de satélite da zona para extrair os lineamentos.

Modelo Digital de Elevação (DEM) da área de estudo, para a análise morfométrica (Figura 4.2).

A imagem de satélite da zona é um dos principais dados utilizados neste capítulo. É utilizada para a extração dos lineamentos. Tendo em conta a resolução espacial das imagens de satélite disponíveis e a extensão da área de estudo, a imagem Landsat 8 foi selecionada para este estudo. Esta imagem tem uma resolução de 30 m, o que permite detetar facilmente os lineamentos. O Landsat 8 foi lançado em 11/2/2013 e tem onze bandas sensíveis a diferentes comprimentos de onda (Tabela 4.1). No presente estudo, foram utilizadas seis bandas para extrair os lineamentos, as quais detectam o visível (2, 3, 4), o infravermelho próximo "NIR" (5), o infravermelho de onda curta "SWIR 1, 2" (6,7), enquanto outras bandas podem não ser adequadas para detetar os lineamentos. A imagem Landsat 8-band-5 é selecionada para a extração automatizada de lineamentos porque tem uma reflexão elevada para o solo e uma reflexão baixa para a água, em comparação com outras bandas (Figura 4.1).

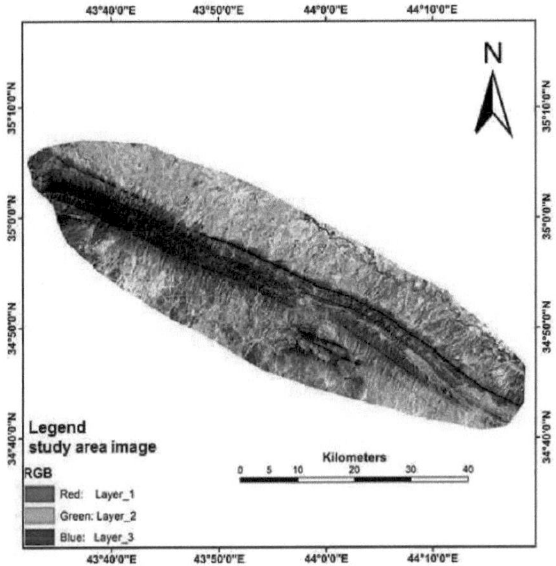

Figura (4.1) imagem de satélite da zona estudada (extraída da banda 5 do Landsat 8)

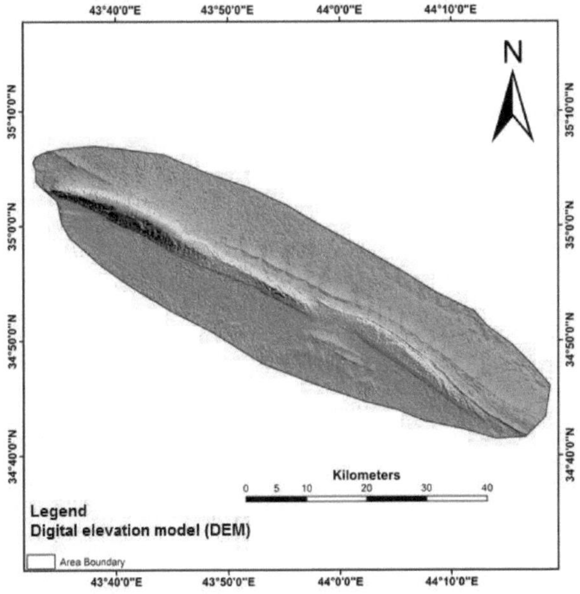

Figura (4.2) Modelo Digital de Elevação (DEM) da área estudada,

Tabela (4.1) especificações do Landsat 8 com bandas e comprimento de onda

	Bandas	Comprimento de onda (micrómetros)	Resolução (metros)
Landsat e Operational Land Imager (OLI) e Thermal Infrared Sensor (TIRS)	Banda 1 - Aerossol costeiro	0.43 - 0.45	30
	Banda 2 - Azul	0.45-0.51	30
	Faixa 3 - Verde	0.53-0.59	30
	Banda 4 - Vermelho	0.64 - 0.67	30
	Banda 5 - Infravermelhos próximos	0.85-0.88	30
	Banda 6 - SWIR 1	1.57-1.65	30
	Banda 7 - SWIR 2	2.11-2.29	30
	Banda 8 - Pancromática	0.50 - 0.68	15
	Banda 9 - Cirrus	1.36-1.38	30
	Banda 10 - Térmica	10.60-11.19	100 * (30)
	Banda 11 - Infravermelhos térmicos (TIRS) 2	11.50-12.51	100 * (30)

SWIR: infravermelhos de onda curta

4.4.Métodos de extração de lineamentos

Os métodos de extração incluem três etapas sucessivas.

(d) O primeiro passo é a seleção dos dados de entrada para análise.

(2) O segundo passo é a extração de lineamentos através de técnicas automatizadas de extração de lineamentos.

(3) O último passo é a avaliação do mapa de lineamentos que inclui a densidade, a direção e o comprimento.

4.4.1. Dados de entrada

Trata-se da seleção dos dados de entrada iniciais para a extração de lineamentos. Os lineamentos podem ser extraídos de vários dados, tais como fotografias aéreas, dados geofísicos, etc. No presente estudo, a imagem Landsat 8 é a preferida para a extração de lineamentos. A banda 5 da imagem, com uma resolução espacial de 30*30 metros, é selecionada para a extração automática de lineamentos, tendo em conta o objetivo deste estudo, uma vez que esta banda é útil para a discriminação de lineamentos, pois tem uma reflexão elevada para o solo e uma reflexão baixa para a água, em comparação com outras bandas

4.4.2. Extração de lineamentos

O segundo passo do procedimento de análise de lineamentos é a extração de lineamentos a partir de imagens de satélite através de técnicas automatizadas de extração de lineamentos. As principais vantagens desta técnica em relação à extração manual de lineamentos são a sua capacidade de abordagem uniforme a diferentes imagens, o facto de a operação e o processamento serem realizados num curto espaço de tempo e a sua capacidade de extrair lineamentos que não são reconhecidos pelo olho humano (Gulcan, 2005).

Para a extração de lineamentos, foram utilizados o PCI Geomatica versão 9.1, o Arc GIS versão 9.3 e o Rock work versão 15. A extração automatizada de lineamentos neste estudo é realizada pelo modelo de linha do software Geomatica. A opção de linha é controlada pelos seguintes parâmetros globais (manual do utilizador do Geomatica, 2001) (Quadro 4.2).

Tabela (4.2) parâmetro do modelo de linha

Nome	Descrição
RADI	Raio do filtro em pixéis
GTHR	Limiar para gradiente de borda
LTHR	Limiar para o comprimento da curva
FTHR	Limiar para o erro de ajuste de linha
ATHR	Limiar para a diferença angular
DTHR	Limiar para a distância de ligação

PCI (índice de componentes principais)

A breve explicação do algoritmo deste módulo será dada aqui. Esta informação é fornecida a partir do manual do utilizador Geomatica (2001) e (Gulcan, 2005).

4.4.2.I. Detalhes de LINE

O programa LINE recebe um único canal de imagem como entrada. Se for de 16 ou 32 bits, a imagem é primeiro redimensionada para 8 bits utilizando uma rotina de redimensionamento não linear. O resultado do programa é um segmento vetorial que contém caraterísticas lineares extraídas da imagem. Os seis parâmetros utilizados no algoritmo são descritos a seguir (Geomatica users' manual, 2001).

RADI (Raio do filtro em pixéis)**:** Este parâmetro é utilizado no primeiro passo da primeira fase do processo de "deteção de bordos de Canny" (Tabela 4.2). Indica o raio do filtro de deteção de bordos (em pixéis). Determina, grosso modo, o nível de pormenor mais pequeno da imagem de entrada a ser detectado. O intervalo de dados para este parâmetro situa-se entre (0 - 8192).

GTHR (Limiar para o gradiente dos bordos)**:** Este parâmetro é utilizado na segunda fase do processo de "deteção de bordos Canny" (Tabela 4,2). Especifica o limiar para o nível mínimo de gradiente para um pixel de borda para obter uma imagem binária. O intervalo de dados para este parâmetro situa-se entre (0 - 255).

LTHR (Limiar para o comprimento da curva)**:** Este parâmetro é utilizado na terceira fase do processo (Tabela 4,2). Especifica o comprimento mínimo da curva (em píxeis) a considerar como lineamento ou para consideração posterior (por exemplo, ligação com outras curvas). O intervalo de dados para este parâmetro é entre (0 - 8192).

FTHR (Limiar para o erro de ajustamento da linha)**:** Este parâmetro é utilizado na segunda etapa da terceira fase (quadro 4.2). Especifica o erro máximo (em pixéis) permitido na adaptação de uma polilinha a uma curva de pixéis. Valores baixos de FTHR permitem um melhor ajustamento, mas também segmentos mais curtos na polilinha. O intervalo de dados para este parâmetro situa-se entre (0 - 8192).

ATHR (limiar para a diferença angular)**:** Este parâmetro é utilizado no último passo da terceira fase do processo (Quadro 4,2). Especifica o ângulo máximo (em graus) entre segmentos de uma polilinha. Caso contrário, esta é segmentada em dois ou mais vectores. É também o ângulo máximo entre dois vectores para que possam ser ligados. O intervalo de dados para este parâmetro é entre (0 - 90).

DTHR (limiar para a distância de ligação**):** Este parâmetro é utilizado no último passo da terceira fase do processo (quadro 4.2). Especifica a distância mínima (em pixels) entre os pontos finais de dois vectores para que estes sejam ligados. O intervalo de dados para este parâmetro é entre (0 -8192).

4.4.2.2. Algoritmo de LINE

O algoritmo do LINE consiste em três fases: deteção de bordos, limiarização e extração de curvas. Na primeira fase, é aplicado o sub-algoritmo de deteção de bordos de Canny para produzir uma imagem com a intensidade dos bordos. O sub-algoritmo de deteção de limites de Canny tem três sub-etapas. Primeiro, a imagem de entrada é filtrada com uma função gaussiana cujo raio é dado pelo parâmetro (RADI). De seguida, o gradiente é calculado a partir da imagem filtrada. Na segunda fase, a imagem com a intensidade dos bordos é limada para obter uma imagem binária. Cada pixel da imagem binária representa um elemento de borda. O valor do limiar é dado pelo parâmetro (GTHR) (Geomatica users' manual, 2001).

Na terceira fase, as curvas são extraídas da imagem binária de bordos. Esta etapa consiste em várias subetapas. Em primeiro lugar, é aplicado um algoritmo de desbaste à imagem binária de bordos para produzir curvas de esqueleto ao nível do pixel. Em seguida, é extraída da imagem uma sequência de pixéis para cada curva. Qualquer curva com um número de pixéis inferior ao valor do parâmetro (LTHR) é excluída do processamento posterior. Uma curva de píxeis extraída é convertida para a forma de vetor através da adaptação de segmentos de linha por partes. A polilinha resultante é uma aproximação à curva original do pixel, sendo o erro máximo de ajuste (distância entre os dois) especificado pelo parâmetro FTHR. Finalmente, o algoritmo liga os pares de polilinhas que satisfazem os seguintes critérios (manual do utilizador Geomatica, 2001)

(1) Os dois segmentos extremos das duas polilinhas estão virados um para o outro e têm uma orientação semelhante (o ângulo entre os dois segmentos é inferior ao parâmetro ATHR);

(2) os dois segmentos terminais estão próximos um do outro (a distância entre os pontos

terminais é inferior ao parâmetro DTHR).

O processo de extração é manipulado alterando os seis parâmetros. São gerados vários mapas de lineamentos utilizando diferentes valores de limiar. Os parâmetros do presente estudo são selecionados da seguinte forma (Figura 4.3).

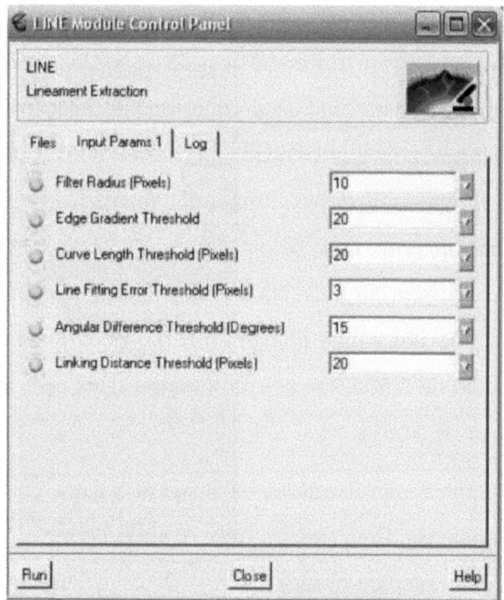

Figura (4.3) Ecrã de introdução de parâmetros do processo de extração automática

4.4.3. Resultados da extração automática de lineamentos

O mapa dos lineamentos foi extraído e analisado a partir da imagem Landsat 8 - banda 5 da área de estudo (Figura 4.4). Os lineamentos são mais significativos no anticlíneo norte de Hamrin para a percolação de águas superficiais. O vale longitudinal e a transformação humana da paisagem (agricultura e ruas) impedem uma análise geológica significativa dos lineamentos a partir de imagens Landsat. Após a extração dos lineamentos da imagem de satélite, o número e os comprimentos dos lineamentos são apresentados na (Tabela 4.3).

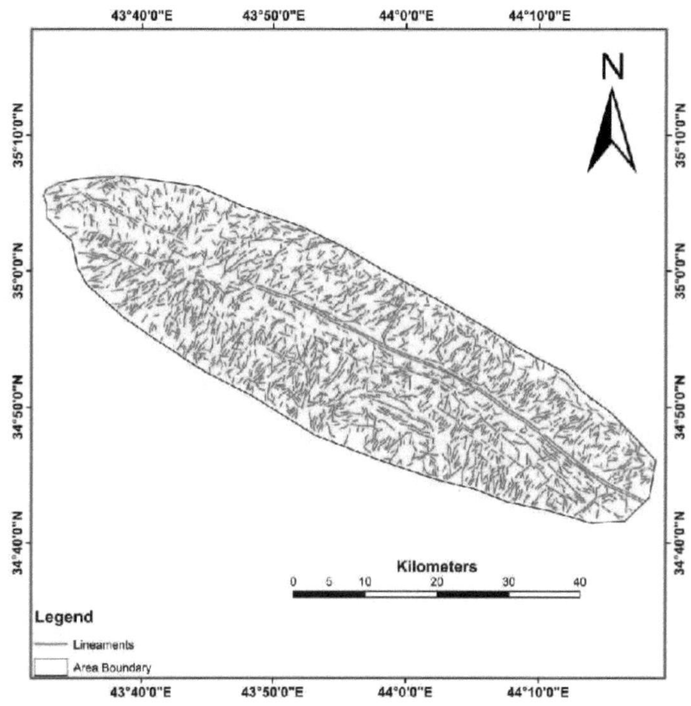

Figura (4.4) Lineamentos extraídos automaticamente na área de estudo

3034 lineamentos que podem ter origem estrutural são reconhecidos na área de estudo entre 0°-180°. Os lineamentos variam em comprimento de 0,06 a 7,53 km. Este padrão de lineamentos é interpretado como reflectindo o padrão de fracturas.

Tabela (4.3) Número e comprimento dos lineamentos na área de estudo

Intervalo	Número de lineamentos	Número %	Comprimento (km)	Comprimento %
0°-010°	255	8.4	159	7.73
010°-020°	248	8.17	171	8.32
020°-030°	303	9.98	213	10.36
030°-040°	326	10.74	218	10.6
040°-050°	285	9.39	195	9.48
050°-060°	198	6.52	127	6.18
060°-070°	165	5.43	112	5.45
070°-080°	125	4.11	70	3.4
080°-090°	60	1.97	45	2.18

090°-100°	130	4.28	70	3.4
100°-110°	114	3.75	60	2.9
110°-120°	165	5.43	127	6.18
120°-130°	165	5.43	141	6.86
130°-140°	150	4.94	117	5.6
140°-150°	95	3.13	60	2.9
150°-160°	60	1.97	45	2.18
160°-170°	60	1.97	45	2.18
170°-180°	130	4.28	80	3.89
Total	3034	99.89	2055	99.79

O número máximo de lineamentos tem uma tendência de 030°- 040°, que é classificado como de primeira ordem, outro conjunto de lineamentos tem uma tendência de 020°-030° e é classificado como um máximo de segunda ordem, enquanto o terceiro máximo de lineamentos tem uma orientação de 040°-050°. O número mínimo de lineamentos é registado na direção de 080°-090°, 150°-160° e 160°-170°, respetivamente.

4.4.3.I. Interpretação dos lineamentos

O objetivo do estudo dos lineamentos no presente estudo é encontrar a relação entre os lineamentos e a percolação das águas superficiais (água da chuva) para as águas subterrâneas profundas (água de formação).

Os lineamentos são classificados de acordo com a classificação de El-Etr (1974), que se baseia nos comprimentos dos lineamentos, os fenómenos de lineamentos que se estendem a uma distância inferior a (10) quilómetros de comprimento, são denominados (Lineares). São de três tipos.

1. Micro-Lineares

Não pode ser visto a olho nu, mas pode ser visto com o uso do microscópio.

2. Brachy-Linears

Não excede o comprimento de (2) quilómetros.

3. Macro-Linear

O comprimento varia entre (2-10) quilómetros.

Os fenómenos de lineamentos que se estendem por uma distância de (10-100) quilómetros, são conhecidos como lineamentos, mas se o comprimento exceder esse valor, são conhecidos como Mega-Lineamentos. O tipo de Lineares é comum na área de estudo (Fig. 4.5) e é afetado pelas tensões regionais predominantes nas áreas dobradas (AL Naqib, 1959).

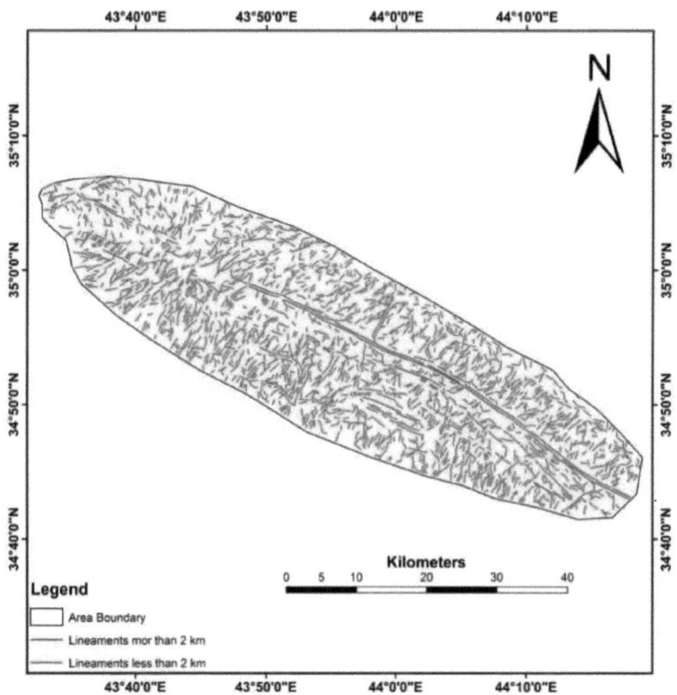

Figura (4.5) Classificação dos lineamentos de acordo com (El-Etr,1974)

Os lineamentos com comprimento inferior a 2 km são representados a azul, enquanto os lineamentos com comprimento superior a 2 km são representados a vermelho (Figura 4.5). Existem 2995 lineamentos com comprimentos inferiores a 2 km, que representam 98,72% do total de lineamentos, enquanto apenas 39 lineamentos com comprimentos superiores a 2 km representam 1,28% do total de lineamentos.

4.43.1.1. Análise direcional dos lineamentos

A orientação dos lineamentos é calculada utilizando o programa Rockworks V.15 para desenhar o "diagrama de rosa" e identificar a principal orientação predominante dos lineamentos e, em seguida, as forças tectónicas efectivas na área de estudo. A área de estudo está dividida em três domos que representam uma parte, para efeitos de correlação (Figura 4.6). As frequências e os comprimentos dos lineamentos são apresentados no diagrama de rosa. As frequências dos três domos que reflectem a tendência principal dos lineamentos estão altamente concentradas na direção NE-SW e as tendências secundárias são NW-SE. A tendência principal é influenciada pela direção geral da drenagem no anticlíneo norte de Hamrin, enquanto a segunda direção é paralela ao eixo do anticlíneo. Os diferentes comprimentos dos lineamentos dos três domos resultam da diferente intensidade de dobragem, que é a mais elevada no domo de Albufudhul e a mais baixa no domo de Allas, e devido à área de superfície que reflecte o aumento dos comprimentos dos lineamentos no domo de Allas.

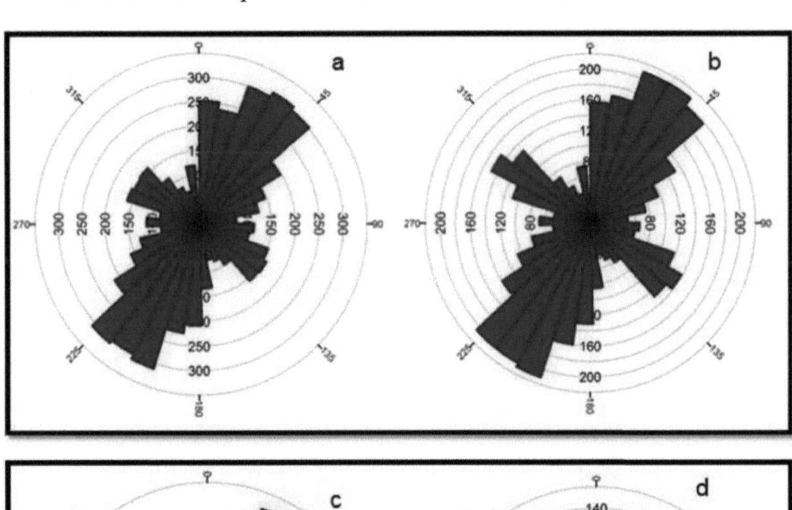

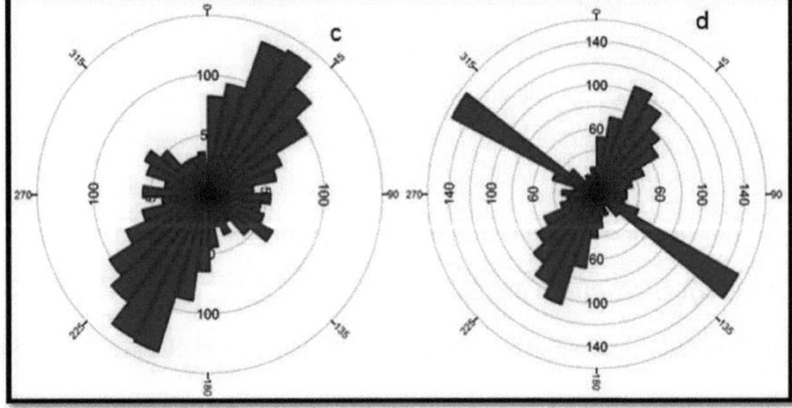

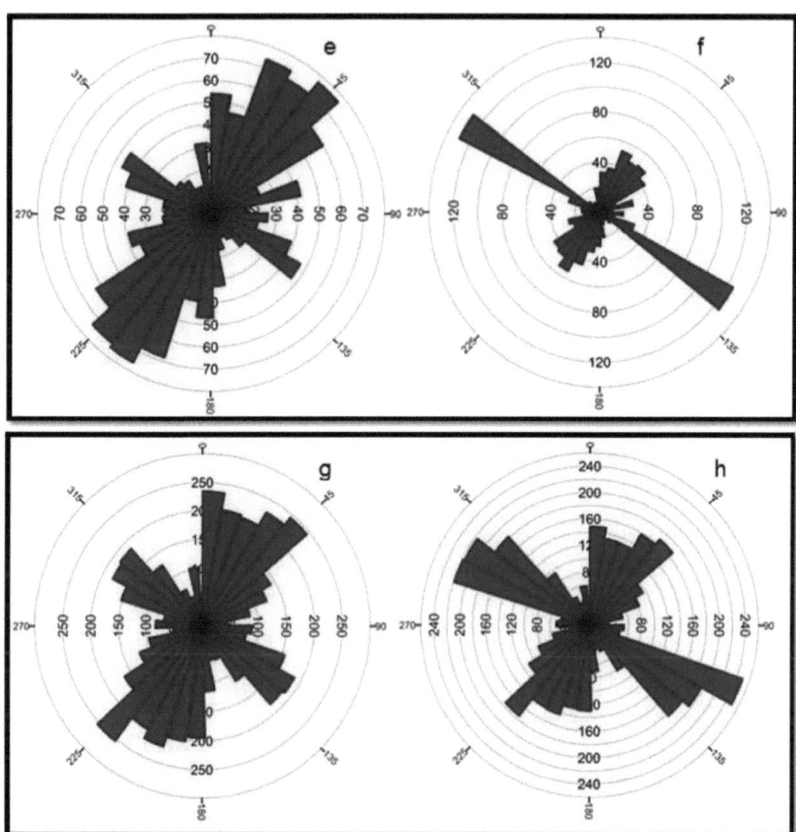

A figura (4.6) mostra o diagrama de rosácea da área de estudo: (a) frequência de três cúpulas (b) comprimento de três cúpulas (c) frequência da cúpula de Albufudhul (d) comprimento da cúpula de Albufudhul (e) frequência da cúpula de Nukhaila (f) comprimento da cúpula de Nukhaila (g) frequência da cúpula de Allas (h) comprimento da cúpula de Allas.

4.4.3.2. Densidade dos lineamentos

A densidade dos lineamentos e a sua relação com o comprimento e o número de lineamentos dão uma imagem clara dos locais de recarga das águas subterrâneas e das fontes de materiais solúveis (AL Momany, 1997). A densidade dos lineamentos e a intensidade dos lineamentos são também úteis para caraterizar os padrões espaciais dos lineamentos (Kumar e Reddy, 1991). O mapa de densidade de lineamentos é extraído através do programa Arc GIS e depende do mapa de lineamentos da área de estudo. Os locais de anomalias são claros na área de estudo através do mapa de densidade de lineamentos (Figura 4.7). Os valores elevados de densidade de lineamentos concentram-se nalguns locais do eixo do anticlíneo e nos membros com estação de afloramentos. Estas anomalias indicam a presença de águas subterrâneas e locais de recarga.

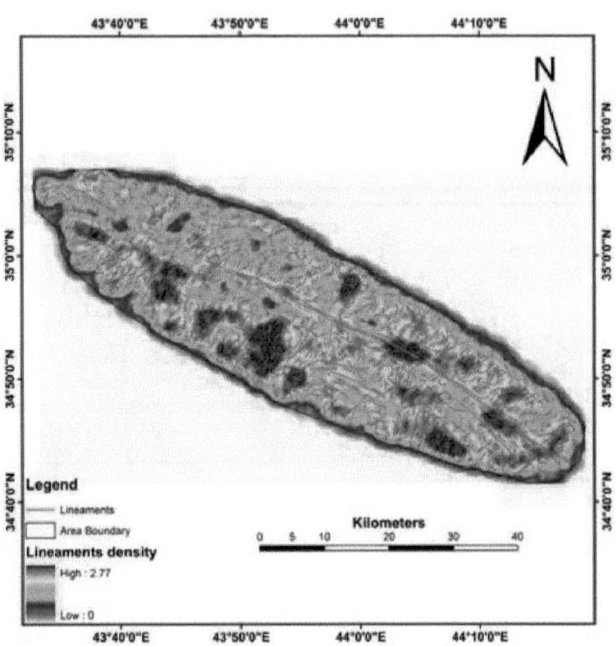

Figura (4.7) Densidade dos lineamentos na área de estudo

4.5.Rede de drenagem

A análise da rede de drenagem é importante para os indicadores das caraterísticas hidrogeológicas, porque o padrão e a densidade da drenagem são controlados de forma fundamental pela litologia subjacente (Charon, 1974). Além disso, o padrão dos cursos de água é um reflexo da taxa de infiltração da precipitação em comparação com o escoamento superficial (El-Naqa et al., 2009). A relação infiltração/escoamento é controlada em grande medida pela permeabilidade, que por sua vez é função do tipo de rocha e da fracturação da rocha subjacente ou do leito rochoso superficial (Edet et al., 1998). O mapa de drenagem da área de estudo foi criado utilizando o Arc GIS e o Modelo Digital de Elevação (DEM) com um tamanho de célula de 30m (Figura 4.8).

A análise morfométrica da área de estudo mostra a predominância de padrões de drenagem do tipo dendrítico, o que constitui uma indicação de um controlo estrutural intensivo das linhas de drenagem.

Quanto mais densa for a rede de drenagem, menor será a taxa de recarga, enquanto que quanto menor for a densidade de drenagem, maior será a percolação na água subterrânea (Edet et al., 1998). A densidade de drenagem da área de estudo é apresentada na (Figura 4.9). As figuras (4.9 e 4.10), bem como a imagem de satélite da área de estudo, explicam a existência de vales profundos no membro sudoeste da cúpula de Albufudhul e a elevada probabilidade de exposição da formação de Jeribe nestes vales profundos. A exposição da formação de Jeribe representa regiões de percolação de água superficial para o subsolo. A densidade de drenagem da cúpula de Nhkhaila e de outros locais nos membros é menor, o que permite uma elevada possibilidade de infiltração de águas superficiais na subsuperfície, enquanto na direção da cúpula de Allas a densidade de drenagem é elevada, pelo que a infiltração é impossível na maioria dos locais.

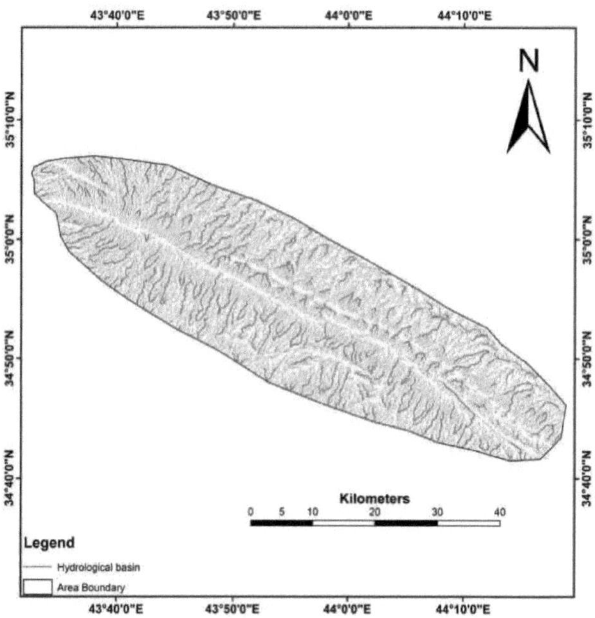

Figura (4.8) mapa da rede de drenagem da zona de estudo

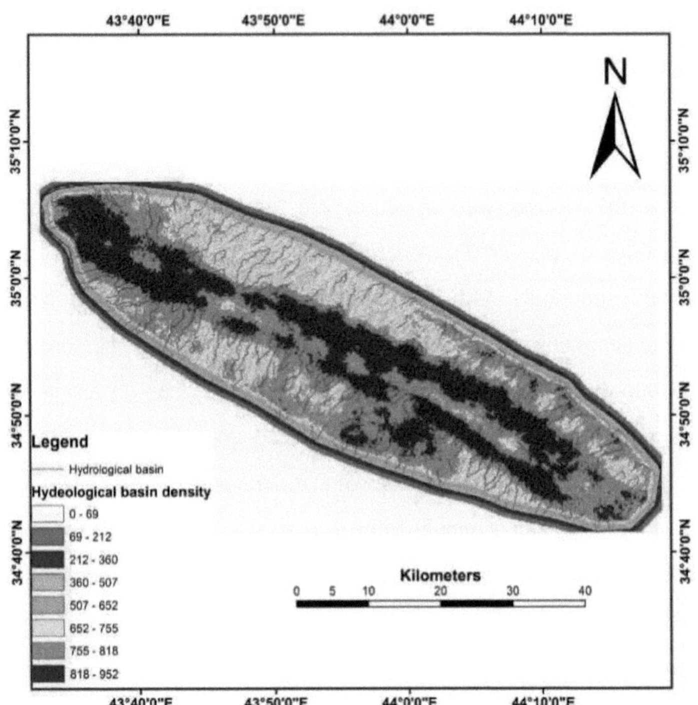

A figura (4.9) mostra o mapa de densidade de drenagem da área de estudo

A correspondência entre o mapa de lineamentos e a rede de drenagem (Figura 4.10) reflecte a influência da rede de drenagem por falhas subsuperficiais através da alteração súbita do desvio e da direção do fluxo de drenagem e dos padrões de drenagem. Os padrões de drenagem da área de estudo são influenciados por processos de atividade tectónica (falhas subsuperficiais) através da direção dos padrões de drenagem com a direção da falha (Al Kraaey, 2013).

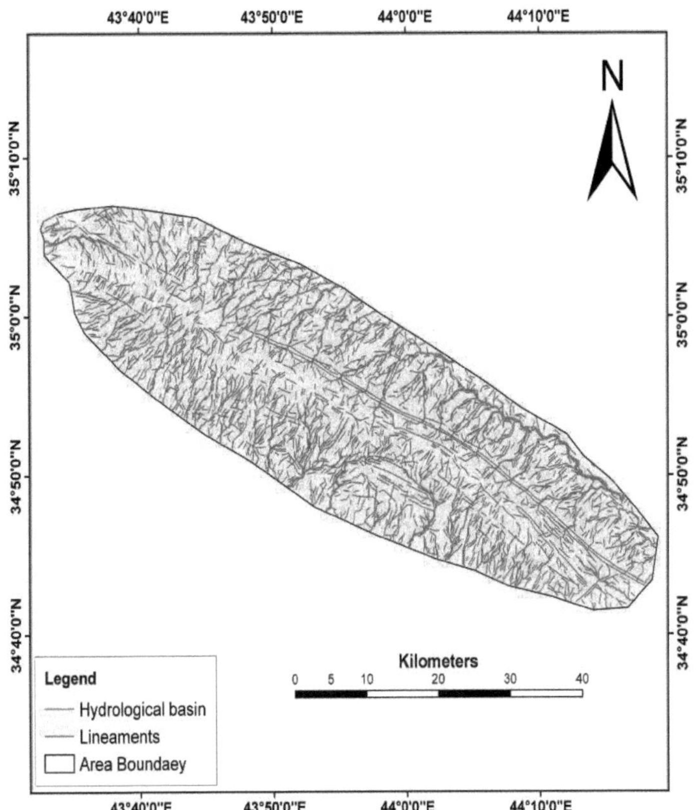

Figura (4.10) Mapa de correspondência da área de estudo

Capítulo 5

Hidrogeoquímica

5.1. Prefácio

A água de formação no presente estudo mostra variações na salinidade e na composição química entre diferentes domos. Foram propostos vários mecanismos para explicar as elevadas salinidades e concentrações de cloreto de muitos domos diferentes. Os principais factores que influenciam a avaliação hidrogeoquímica da água de formação são o material geoquímico do reservatório, as interações água-rocha, a velocidade do fluxo, a distância ao longo dos caminhos de fluxo e a mistura (Hudak, 2000). A evolução hidrogeoquímica da água de formação também depende do contexto geológico e estrutural dos diferentes domos da estrutura. Este capítulo trata dos parâmetros físicos e químicos da água de formação, pH, TDS, gravidade específica, catiões principais (Ca^{+2}, Mg^{+2}, Na^{+}) e aniões (SO_4^{-2}, Cl^-, HCO_3^-). A qualidade da água de formação é descrita utilizando fórmulas hidroquímicas, classificações (Sulin, 1946) e (Piper, 1946). Existem muitos métodos para determinar a origem da água de formação (conata ou meteórica), tais como o isótopo e a razão hidroquímica da água de formação. No presente estudo, a razão hidroquímica é utilizada para determinar a origem da água de formação.

5.2. Exatidão das amostras de água de formação

Durante a análise química laboratorial, muitos tipos de erros podem resultar de condições laboratoriais instáveis ou de várias razões, pelo que é necessário verificar a qualidade da análise química laboratorial. Para evitar estes erros, são utilizados os métodos (Stoodly et al., 1980). A exatidão analítica das amostras de água é indicada a partir dos resultados do teste de erro de reação incerteza (U) pela soma do peso equivalente dos catiões igual à soma do peso equivalente dos aniões, de acordo com a seguinte equação .

$$U\% = (r\sum Cation - \sum Anion / r\sum Cation + \sum Anion) \times 100$$

$$A = 100 - U$$

U= (incerteza) ou erro de reação.

A = certeza ou exatidão.

Quando a incerteza (U) ou o erro de reação é ($U < 5\%$), os resultados podem ser aceites para interpretação, mas se ($5\% < U \leq 10\%$), os resultados são aceites com relutância e se ($U > 10\%$), os resultados não são aceites. Por conseguinte, os resultados das análises parecem ser aceites e podem ser utilizados na interpretação hidrogeoquímica (Apêndice 1).

5.3. Propriedades físicas da água de formação

5.3.1. Poder do hidrogénio (pH)

É definido como o logaritmo comum negativo da concentração de iões de hidrogénio (H^+) em moles/litro como pH = -log (H^+). É utilizado como indicador da acidez ou alcalinidade de uma solução, a dissolução e a mobilidade de metais em águas naturais são grandemente influenciadas pelo pH (Thompson et al., 2007). O pH das águas de formação é geralmente controlado pelo sistema CO_2 e HCO_3 e muitas vezes alcalino porque a água de formação contém uma elevada concentração de HCO_3 (Davis e Dewiest, 1966), esta relação é compatível com os resultados do presente estudo. (Komatina, 2004) classifica a água de acordo com o valor do pH (Tabela 5.1).

Quadro 5-1: Classificação da qualidade da água em função do valor do pH (segundo Komatina, 2004).

Valor do pH	Qualidade da água
<3.5	Fortemente ácido
3.5-<5.5	Ácido moderado
5.5-<6.8	Fracamente ácido
6.8-<7.2	Neutro
7.2-<8.5	Fracamente alcalino

8,5 e mais	Alcalino

Nas águas naturais, o pH varia geralmente entre cerca de 6,5 e 8 (Hem, 1985). No campo petrolífero de Hamrin, os valores de pH variam entre 6,75 e 8,89 (Tabela 5.2). A discussão dos resultados com a classificação de (Komatina, 2004), a água de formação no campo petrolífero de Hamrin (Tabela 5.3) mostra uma qualidade de água muito diferente, de fracamente alcalina a alcalina, de um domo para outro (Figura 5.1), devido à percolação da água de superfície para a água de formação, que leva à variação do valor de pH nos três domos, e porque a água de formação em estudo contém uma elevada concentração de HCO .3

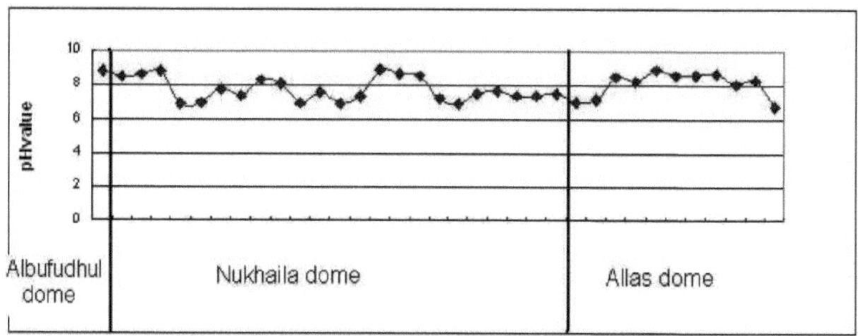

Figura (5.1) distribuição do valor de (pH) ao longo de três cúpulas de NW a SE

Tabela (5.2) Propriedades físicas da água de formação no campo petrolífero de Hamrin (relatório final de poço da água de formação no NOC)

Cúpula	Formação	pH	TDS ppm	SP.gr (60/60) graus F
Albufudhul	Jeribe/Dhib	8.83	10832	
Nukhaila	Jeribe	8.50	9214	1.0064
Nukhaila	Jeribe	8.62	9175	1.0064
Nukhaila	Jeribe	8.81	8030	1.0063
Nukhaila	Eufrates	6.88	8022	1.0056
Nukhaila	Eufrates	6.95	8460	1.0059
Nukhaila	Eufrates	7.76	8219	1.0057
Nukhaila	Jeribe	7.36	7430	1.0052
Nukhaila	Jeribe	8.29	18009	1.0126
Nukhaila	Jeribe	8.09	24202	1.0169

Nukhaila	Jeribe	6.93	25125	1.0175
Nukhaila	Eufrates	7.55	11878	1.0083
Nukhaila	Eufrates	6.91	12130	1.0084
Nukhaila	Eufrates	7.30	13562	1.0094
Nukhaila	Jeribe	8.89	24957	1.0175
Nukhaila	Jeribe	8.67	31687	1.0221
Nukhaila	Jeribe	8.55	35431	1.0248
Nukhaila	Eufrates	7.20	14960	1.0104
Nukhaila	Eufrates	6.92	12148	1.0085
Nukhaila	Eufrates	7.50	13555	1.0094
Nukhaila	Eufrates	7.68	12959	1.009
Nukhaila	Eufrates	7.35	12631	1.0088
Nukhaila	Eufrates	7.36	12455	1.0087
Nukhaila	Jeribe	7.50	19552	1.0136
Allas	Eufrates	7.00	36161	1.0253
Allas	Eufrates	7.13	37235	1.0261
Allas	Eufrates	8.47	23729	1.0166
Allas	Eufrates	8.21	27013	1.0189
Allas	Dhib/Euphr	8.88	24572	1.0172
Allas	Dhib/Euphr	8.54	49627	1.0347
Allas	Dhib/Euphr	8.59	45490	1.0318
Allas	Eufrates	8.67	35019	1.0254
Allas	Eufrates	8.04	56572	1.0395
Allas	Eufrates	8.26	59118	1.0413
Allas	Eufrates	6.75	49172	1.0344
Mínimo		6.75	7430	1.0052
Máximo		8.89	59118	1.0413

Tabela (5.3) Classificação da qualidade da água de formação do campo petrolífero de Hamrin em função do valor do pH

Cúpula	Formação	pH	Qualidade da água
Albufudhul	Jeribe/Dhib	8.83	Alcalino

Nukhaila	Jeribe	8.50	Alcalino
Nukhaila	Jeribe	8.62	Alcalino
Nukhaila	Jeribe	8.81	Alcalino
Nukhaila	Eufrates	6.88	Neutro
Nukhaila	Eufrates	6.95	Neutro
Nukhaila	Eufrates	7.76	Fracamente alcalino
Nukhaila	Jeribe	7.36	Fracamente alcalino
Nukhaila	Jeribe	8.29	Fracamente alcalino
Nukhaila	Jeribe	8.09	Fracamente alcalino
Nukhaila	Jeribe	6.93	Neutro
Nukhaila	Eufrates	7.55	Fracamente alcalino
Nukhaila	Eufrates	6.91	Neutro
Nukhaila	Eufrates	7.30	Fracamente alcalino
Nukhaila	Jeribe	8.89	Alcalino
Nukhaila	Jeribe	8.67	Alcalino
Nukhaila	Jeribe	8.55	Alcalino
Nukhaila	Eufrates	7.20	Fracamente alcalino
Nukhaila	Eufrates	6.92	Neutro
Nukhaila	Eufrates	7.50	Fracamente alcalino
Nukhaila	Eufrates	7.68	Fracamente alcalino
Nukhaila	Eufrates	7.35	Fracamente alcalino
Nukhaila	Eufrates	7.36	Fracamente alcalino
Nukhaila	Jeribe	7.50	Fracamente alcalino
Allas	Eufrates	7.00	Neutro
Allas	Eufrates	7.13	Neutro
Allas	Eufrates	8.47	Fracamente alcalino
Allas	Eufrates	8.21	Fracamente alcalino
Allas	Dhib/Euphr	8.88	Alcalino
Allas	Dhib/Euphr	8.54	Alcalino
Allas	Dhib/Euphr	8.59	Alcalino
Allas	Eufrates	8.67	Alcalino
Allas	Eufrates	8.04	Fracamente alcalino

Allas	Eufrates	8.26	Alcalino
Allas	Eufrates	6.75	Fracamente ácido

5.3.2. Sólido total dissolvido (TDS)

O TDS compreende sais inorgânicos (principalmente cálcio, magnésio, potássio, sódio, bicarbonatos, cloretos e sulfatos) e pequenas quantidades de matéria orgânica que se encontram dissolvidas na água (WHO, 2006). O total de sólidos dissolvidos é uma medida da quantidade total de minerais dissolvidos na água e é um parâmetro muito útil na avaliação da qualidade da água (Health, 1983).

O TDS é muito importante no estudo de reservatórios porque é um indicador importante para a exploração de hidrocarbonetos (Collins, 1975). A maioria dos estudos efectuados em diferentes campos petrolíferos mostra a relação inversamente proporcional entre a salinidade da água de formação e os tipos de óleo no reservatório, enquanto o grão de óleo diminui com o aumento da salinidade da água de formação (Al Syyab, 1980). O valor de TDS do campo petrolífero de Hamrin varia entre 7430 e 59118 ppm (Tabela 5.2). A água de formação no campo petrolífero de Hamrin, dependendo do (TDS), é classificada de moderadamente salina (salobra) a altamente salina (salmoura) (Tabela 5.5) de acordo com Hem (1979) (Tabela 5.4).

A salinidade resulta da dissolução de minerais e da troca iónica entre a água de formação e o óleo ou entre a água de formação e as rochas do reservatório. Esta salinidade parece variar de domo para domo e mostra um aumento em direção ao domo de Allas (Figura 5.2) devido à percolação de água superficial dos domos de Albufudhul e Nukhaila que causa a diluição da salinidade.

Tabela (5.4) Classificação da água com base no TDS (Hem, 1970)

Classe de água	Concentração de TDS em ppm
Fresco	0 - 1000
Moderadamente salino (salobra)	1000 - 10000
V . Salina	10000 - 35,000
Salmoura	> 35,000

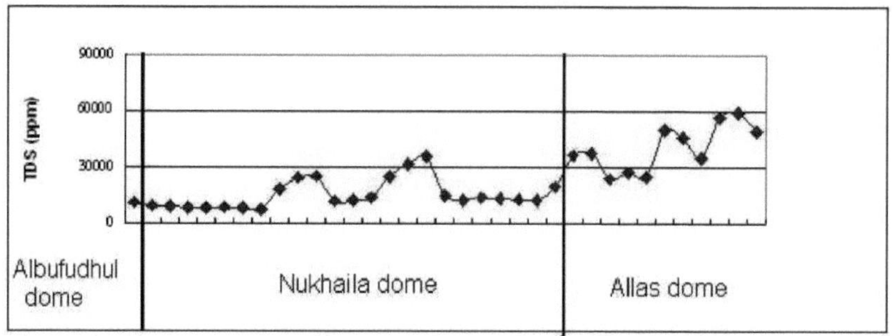

Figura (5.2) Distribuição de (TDS) ao longo de três domos, de NW (domo de Albu fudhul) a SE (domo de Allas)

5.3.3 Gravidade específica

A gravidade específica é a relação entre o peso de um determinado volume de material e o peso de um volume igual de outro material utilizado como padrão (Colin, 1975). Os valores da gravidade específica das águas de formação do campo petrolífero de Hamrin variam entre 1,0052 e 1,0413 (Tabela 5.2). Comparando o sp.g no campo petrolífero de Hamrin com o reservatório de Mishrif (1,1502) (Al Kafaji, 2003) e outros campos no sul do Iraque, parece que a gravidade específica da água de formação no campo petrolífero de Hamrin tem uma concentração baixa em relação a este campo, podendo este resultado dever-se à diluição da água de formação com a água de superfície.

Tabela (5.5) classificação da água de formação no campo petrolífero de Hamrin em função do TDS ppm

Cúpula	Formação	TDS ppm	Classe de água
Albufudhul	Jeribe/Dhib	10832	V. solução salina
Nukhaila	Jeribe	9214	Moderadamente salino
Nukhaila	Jeribe	9175	Moderadamente salino
Nukhaila	Jeribe	8030	Moderadamente salino
Nukhaila	Eufrates	8022	Moderadamente salino
Nukhaila	Eufrates	8460	Moderadamente salino
Nukhaila	Eufrates	8219	Moderadamente salino

Nukhaila	Jeribe	7430	Moderadamente salino
Nukhaila	Jeribe	18009	V. solução salina
Nukhaila	Jeribe	24202	V. soro fisiológico
Nukhaila	Jeribe	25125	V. soro fisiológico
Nukhaila	Eufrates	11878	V. soro fisiológico
Nukhaila	Eufrates	12130	V. solução salina
Nukhaila	Eufrates	13562	V. solução salina
Nukhaila	Jeribe	24957	V. soro fisiológico
Nukhaila	Jeribe	31687	V. soro fisiológico
Nukhaila	Jeribe	35431	Salmoura
Nukhaila	Eufrates	14960	V. soro fisiológico
Nukhaila	Eufrates	12148	V. soro fisiológico
Nukhaila	Eufrates	13555	V. soro fisiológico
Nukhaila	Eufrates	12959	V. soro fisiológico
Nukhaila	Eufrates	12631	V. soro fisiológico
Nukhaila	Eufrates	12455	V. soro fisiológico
Nukhaila	Jeribe	19552	V. solução salina
Allas	Eufrates	36161	Salmoura
Allas	Eufrates	37235	Salmoura
Allas	Eufrates	23729	V. solução salina
Allas	Eufrates	27013	V. solução salina
Allas	Dibano/Eufrates	24572	V. solução salina
Allas	Dibano/Eufrates	49627	Salmoura
Allas	Dibano/Eufrates	45490	Salmoura
Allas	Eufrates	35019	Salmoura
Allas	Eufrates	56572	Salmoura
Allas	Eufrates	59118	Salmoura
Allas	Eufrates	49172	Salmoura

5.4. Componentes químicos da água de formação no campo petrolífero de Hamrin

Os componentes químicos da água de formação incluem os principais catiões (Ca^{+2} , Mg^{+2} , Na^{+}) e os principais aniões (SO_4^{-2} , Cl^{-} , HCO_3^{-2}) (Tabela 5.6) (Relatório final do poço da água de formação na NOC).

Tabela (5.6) análise química da água de formação no campo petrolífero de Hamrin em ppm

Cúpula	Formação	Ca^{+2}	Mg^{+2}	Na^{+}	$HCO3^{-2}$	$SO4^{-2}$	Cl^{-}
Albufudhul	Jeribe/Dhib	720	169	2765	623	2771	3621
Nukhaila	Jeribe	320	48	2541	700	2340	2485
Nukhaila	Jeribe	320	97	2400	851	2121	2485
Nukhaila	Jeribe	280	73	2404	588	2147	2485
Nukhaila	Eufrates	340	278	1945	1793	906	2698
Nukhaila	Eufrates	560	133	2117	1623	973	2982
Nukhaila	Eufrates	520	169	1991	1440	1188	2769
Nukhaila	Jeribe	340	278	1489	2928	342	1775
Nukhaila	Jeribe	600	109	5582	529	5168	5858
Nukhaila	Jeribe	1000	194	7274	651	4375	9940
Nukhaila	Jeribe	880	218	7825	431	4542	10650
Nukhaila	Eufrates	420	206	3156	2440	1676	3550
Nukhaila	Eufrates	480	133	3316	2771	1606	3550
Nukhaila	Eufrates	420	230	3405	2623	1667	3905
Nukhaila	Jeribe	660	48	8070	488	6208	8875
Nukhaila	Jeribe	800	194	10239	651	6236	12780
Nukhaila	Jeribe	900	303	11608	478	5574	15975
Nukhaila	Eufrates	440	230	4335	1342	2263	5680
Nukhaila	Eufrates	400	315	3284	1830	1125	4793
Nukhaila	Eufrates	560	242	3640	2174	1935	4615
Nukhaila	Eufrates	600	363	3045	1539	2245	4260
Nukhaila	Eufrates	660	303	3040	1596	2579	3905
Nukhaila	Eufrates	640	330	2998	1769	2413	3905
Nukhaila	Jeribe	1060	327	5282	1115	4365	7100
Allas	Eufrates	920	605	11443	3318	1789	17786
Allas	Eufrates	900	660	11669	2879	1858	18460
Allas	Eufrates	800	48	7175	981	6209	7455
Allas	Eufrates	1360	726	7123	610	6092	10650
Allas	Dhib/Euphr	840	157	7421	488	4038	10118

Allas	Dhib/Euphr	1437	957	15655	1891	3325	25915
Alas	Dhib/Euphr	1120	533	15110	915	2926	24140
Alas	Eufrates	1040	133	11291	732	6779	14200
Allas	Eufrates	1840	678	18071	1408	5251	28400
Allas	Eufrates	1680	775	19104	1342	5292	29998
Allas	Eufrates	880	775	16765	2318	1731	25560
Mínimo		280	48	1489	431	342	1775
Máximo		1840	957	19104	3318	6779	29998

5.4.1. Catiões principais

5.4.1.1. Cálcio (Ca)$^{+2}$

O cálcio é o mais abundante dos metais alcalino-terrosos, sendo um dos catiões mais comuns na água de formação. A sua concentração em águas naturais varia entre 0,1 e 100 ppm, enquanto na água potável varia entre 30 e 100 ppm e atinge 200 ppm, enquanto a água do mar contém 200400ppm (Davis e Dewiest, 1966). A água dos campos petrolíferos contém frequentemente 200030000 ppm (Collins, 1975). O cálcio tende a ser dominante nas águas provenientes de rochas carbonatadas e ricas em plagioclase (Jones e Bodine, 1987). A concentração de cálcio no campo petrolífero de Hamrin é a quinta maior concentração depois dos elementos cloreto, sódio, sulfato e bicarbonato (Figura 5.7) e o seu conteúdo varia entre 280 e 1840 ppm (Tabela 5.6). A concentração de cálcio parece variar no campo petrolífero de Hamrin através de três cúpulas que resultam não só da interação entre a água e a rocha hospedeira, mas também podem ser devidas à diluição pela água de superfície que percolou e se misturou com a água de formação (Figura 5.6). A solubilidade do cálcio é inversamente proporcional ao pH e à temperatura, enquanto diminui com o aumento do pH e da temperatura (Collins, 1975). O cálcio dissolve-se sob a forma de bicarbonato em resultado da meteorização química dos minerais que contêm cálcio. Pequenas alterações no pH das águas que contêm bicarbonato de cálcio provocam a precipitação de carbonato de cálcio, sendo este um dos depósitos mais comuns encontrados nas linhas e equipamentos obstruídos dos campos petrolíferos. Para além disso, a solubilidade do sulfato de cálcio diminui com o aumento da temperatura (Clemmit et al, 1985). A importância do estudo deste elemento reside na sua capacidade de se ligar aos iões carbonato e sulfato e formar diferentes componentes que afectam a porosidade e a permeabilidade e dificultam o movimento dos fluidos dentro do reservatório (Collins, 1975).

5.4.I.2. Sódio (Na)$^+$

O sódio é um dos iões mais abundantes na água de formação devido à sua elevada solubilidade na água e à precipitação dura. As concentrações reais variam entre cerca de (0,2 ppm) em alguma chuva e neve e mais de (100000 ppm) em salmouras que estão em contacto com camadas de sal (Langmuir, 1997) e a concentração na água do mar atinge cerca de 10550 ppm e mais de 140000 ppm nas águas de várias formações de campos petrolíferos no mundo (Quadro 3.2). A solução de halite, argilominerais, plagioclase e feldspatos, em determinadas condições, liberta grandes quantidades de sódio permutável (Davis e Dewiest, 1966). A elevada relação Ca/Na na maioria das salmouras dos campos petrolíferos deve-se ao facto de a água do mar do passado ter uma composição muito diferente da atual e de a variação das caraterísticas da água de formação não resultar da alteração da água após o enterramento, mas de variações na composição das águas superficiais ao longo do tempo (Lowenstein et al. 2003). A concentração de sódio no campo petrolífero de Hamrin é a segunda maior concentração depois do cloreto (Figura 5.7) e varia entre 1489 ppm e 19104 ppm (Tabela 5.6). A concentração de sódio apresenta variações no campo petrolífero de Hamrin através de três domos que resultam não só da interação entre a água e a rocha hospedeira, mas também da diluição da água superficial, que é diferente de um domo para outro devido ao controlo estrutural do percurso de percolação da água superficial para a água de formação (Figura 5.6). O Na é diretamente proporcional ao TDS (figura 5.3).

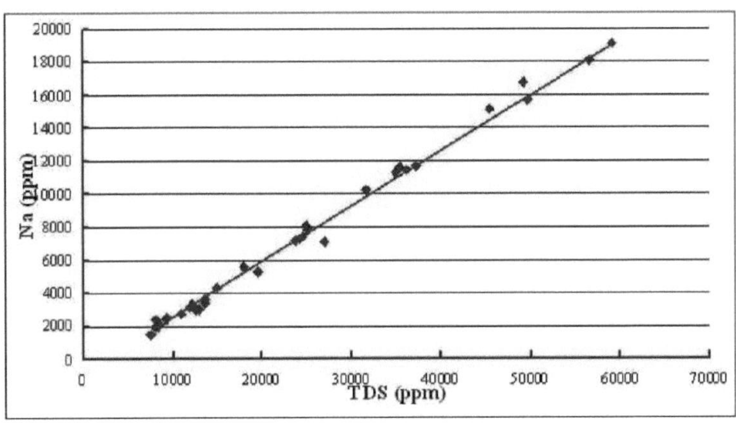

Figura (5.3) Relação entre Na e TDS no campo petrolífero de Hemrin

5.4.I.3. Magnésio $(Mg)^{+2}$

O magnésio é um elemento abundante do grupo de metais alcalino-terrosos. Representa cerca de 2,1% do peso da crosta terrestre (Collins, 1975). As fontes comuns de magnésio nas águas naturais são os minerais ferromagnesianos das rochas ígneas e o carbonato de magnésio das rochas carbonatadas. É considerado um dos principais iões importantes na água de formação devido à sua relação com a formação de dolomite e ao seu papel negativo ou positivo no espaço poroso, que aumenta ou reduz a porosidade. A concentração de magnésio na água de formação situa-se entre 10030000ppm (Collins, 1975). As rochas carbonatadas e o teor de xisto é de cerca de (4,7%) e (1,5%) (Faure, 1998).

A concentração de Mg no campo petrolífero de Hamrin varia de 48 a 957 ppm (Tabela 5. 6). A concentração de Mg no campo de Hamrin é inferior à dos iões Ca^{2+} e Na^{+} , o que pode ser explicado pela baixa solubilidade da dolomite.

5.4.2. Aniões principais

5.4.2.I. Cloreto $(Cl)^{-}$

O cloreto está presente em todos os tipos de água devido à sua abundância e rápida solubilidade na água. A concentração na água da chuva atinge (3) ppm (Todd, 1980). A maioria das águas de formação são salmouras caracterizadas por uma abundância de cloreto (Levorson e Berry, 1967). A maior parte do cloreto na água de formação vem de duas fontes diferentes. Primeiro, cloreto da água do mar antiga aprisionada em sedimentos, segundo, solução de halita e minerais relacionados em depósitos de evaporação. O cloreto é o ião dominante com maior concentração no campo petrolífero de Hamrin, variando entre 1775 e 29998 ppm. Esta elevada percentagem de cloreto deve-se à facilidade de solubilidade e à dificuldade de adsorção nos minerais de argila. Os iões de cloreto estão presentes na água de formação frequentemente sob a forma de cloreto de sódio (NaCl) e são considerados uma medida do grau de salinidade da água de formação (Mason e Moor, 1982). A concentração de cloreto mostra uma variação no campo petrolífero de Hamrin através de três domos que não resultou apenas da interação entre a água e a rocha hospedeira, mas pode dever-se à diluição da água superficial (Figura 5.6), à relação linear entre TDS e Cl (Figura 5.4). A concentração de Na é menor do que a de Cl devido à elevada troca iónica nas superfícies dos minerais de argila em comparação com o cloreto (Figura 5.5).

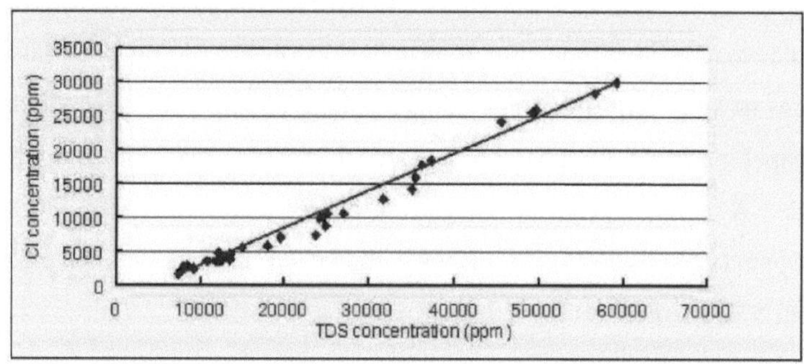

Figura (5.4) Relação linear entre TDS e Cl no campo petrolífero de Hamrin

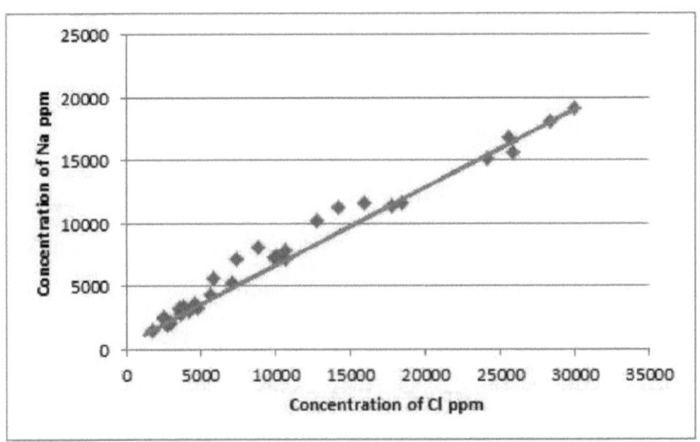

Figura (5.5) A relação entre Na e Cl no campo petrolífero de Hamrin

5.4.2.2. Sulfatos $(SO4)^{-2}$

A medição de sulfatos na água de formação é considerada de maior importância devido à presença de sulfato com outros iões, como o estrôncio e o bário, o que provoca a sua ligação a estes iões e a formação de sedimentos de sulfato, que se concentram de forma insolúvel no espaço dos poros e dificultam o movimento dos fluidos no reservatório, causando danos na permeabilidade das rochas do reservatório (Al Atabi, 2009). A presença de sulfato com iões de sódio e magnésio contribui diretamente para o aparecimento de bactérias redutoras de sulfato, que provocam a oxidação dos óleos e os convertem em crudes pesados (Collins, 1975).

A concentração de sulfatos no campo petrolífero de Hamrin é a terceira maior concentração depois dos elementos cloreto e sódio, (Figura 5.7) e o seu conteúdo varia entre 342 e 6779 ppm (Tabela 5.7). Quando os valores de sulfato são comparados com a água do mar (900 ppm) e com a água de formação do mundo (10 a 3000 ppm), verifica-se que as concentrações de sulfato no campo petrolífero de Hamrin não estão dentro dos limites actuais, o que é um bom indicador da lavagem das camadas superiores e do transporte para a água de formação. As camadas superiores do campo petrolífero de Hamrin são representadas pelas unidades de anidrite e gesso da formação Fatha, que estão expostas no núcleo do anticlinal e cobrem uma grande superfície da área de estudo. Esta variação na química da água de formação no campo petrolífero de

Hamrin deve-se ao controlo estrutural da percolação da água de superfície (água da chuva) e à interação entre a água e as rochas hospedeiras (Figura 5.6).

5.4.2.3. Bicarbonato ($HCO3^-$)

Os bicarbonatos são considerados a fonte de alcalinidade da água, o que significa que o seu total de bicarbonato, carbonato e iões hidróxido. Estes iões na água de formação têm efeitos negativos devido à formação de sal insolúvel que fechou o espaço poroso em rochas reservatório e efeitos sobre o comportamento do reservatório, onde impediria o movimento de fluidos nos reservatórios de petróleo (Hussan, 2013). As concentrações de bicarbonato em solução podem ser limitadas por pressões parciais de CO_2 impostas externamente ou pela disponibilidade de catiões alcalino-terrosos através da solubilidade de carbonatos (Jones e Bodine, 1987). A concentração de bicarbonato no campo petrolífero de Hamrin situa-se entre 431 e 3318 ppm (Tabela 5.6). A concentração de bicarbonato no campo petrolífero de Hamrin resulta da lavagem das camadas superiores e do seu transporte para a água de formação através da percolação da água superficial, que influencia as propriedades da água de formação. Finalmente, e depois de rever os resultados dos componentes químicos da água de formação no campo petrolífero de Hamrin, pode inferir-se que os principais catiões estão ordenados como $Na^+ > Ca^{+2} > Mg^{+2} >$, enquanto a ordem dos principais aniões é $Cl^- > SO4^{-2} > HCO3^-$ (Figura 5.7).

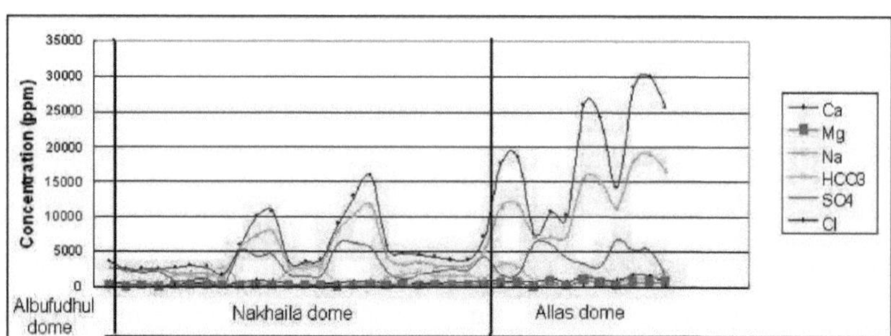

Figura (5.6) distribuição das propriedades químicas no campo petrolífero de Hamrin

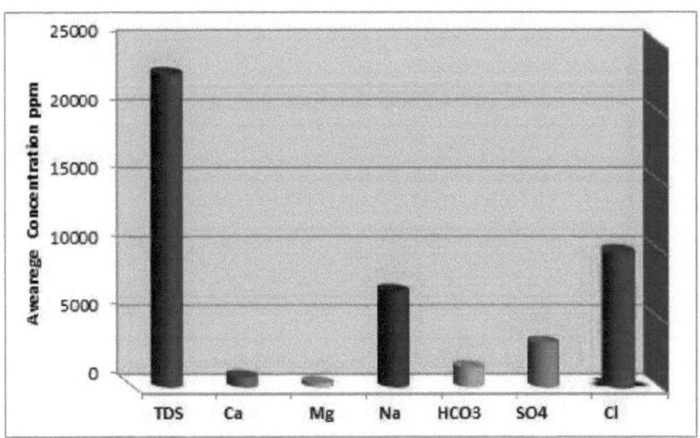

Figura (5.7) O gráfico de barras apresenta as concentrações de TDS, catiões e aniões da água de formação no campo petrolífero de Hamrin

5.5.Qualidade da água

5.5.1. F órmula hidroquímica

A fórmula hidroquímica pode ser determinada de acordo com (Ivanov, 1968). Depende da percentagem de equivalentes por milhão (epm%) dos principais catiões e aniões (Apêndice 3) que estão dispostos por ordem decrescente. O tipo de água será conhecido a partir dos catiões e aniões epm%, que são superiores a 15%. A equação de Ivanov é descrita a seguir.

$$\text{TDS(mg/l)} \; \frac{\text{Anions (epm \%) in decreasing order}}{\text{Cataions (epm \%) in decreasing order}} \; \text{pH}$$

O tipo de água de formação no campo petrolífero de Hamrin é (Na-SO_4 - tipo cloreto). A análise da água de formação que contém tanto cloreto como sulfato, carbonato e bicarbonato são misturas de conatos meteóricos que podem ocorrer perto da atual superfície do solo (Joel, 2010). Os resultados do tipo de água de formação no campo petrolífero de Hamrin (Tabela 5.7) mostram a predominância dos catiões Na^+ , e dos aniões Cl^- ,SO_4^{-2} , que são indicadores da origem mista de conatos meteóricos da água no campo.

Tabela (5.7) Fórmula hidroquímica da água de formação no campo petrolífero de Hamrin TDS (mg/L)

Dome	Chemical Formula	Water type
Albufudhul	Cl (60.07) SO_4 (33.93) HCO_3 (6) TDS (10832) ———————— pH (8.83) Na (70.71) Ca (21.12) Mg (8.17)	Na-Ca-SO_4- chlorid
Nukhaila	Cl (53.80) SO_4 (37.39) HCO_3 (8.81) TDS (9214) ———————— pH(8.50) Na (84.73) Ca (12.24) Mg (3.03)	Na-SO_4-chlorid

Nukhaila	$Cl (54.68) SO_4 (34.44) HCO_3 (10.88)$ TDS (9175) ———————— pH (8.62) Na (81.34) Ca (12.44) Mg (6.22)	Na-SO_4-chlorid
Nukhaila	$Cl (56.33) SO_4 (35.92) HCO_3 (6.74)$ TDS(8030) ———————— pH (8.81) Na (83.96) Ca (11.12) Mg (4.82)	Na-SO_4-chlorid
Nukhaila	$Cl (61.22) HCO_3 (23.63) SO_4 (15.17)$ TDS (8022) ———————— pH (6.88) Na (67.99) Mg (18.38) Ca (13.63)	Na-Mg-SO_4-HCO_3-chlorid
Nukhaila	$Cl (64.22) HCO_3 (20.31) SO_4 (15.47)$ TDS (8460) ———————— pH (6.95) Na (70.31) Ca (21.34) Mg (8.35)	Na-Ca-SO_4-HCO_3-chlorid
Nukhaila	$Cl (61.77) SO_4 (19.56) HCO_3 (18.66)$ TDS (8219) ———————— pH (7.76) Na(68.49) Ca (20.52) Mg (10.99)	Na-Ca-HCO_3-SO_4-chlorid
Nukhaila	$Cl (47.61) HCO_3 (45.63) SO_4 (6.77)$ TDS (7430) ———————— pH (7.36) Na (61.92) Mg (21.86) Ca (16.22)	Na-Mg-Ca-HCO_3-chlorid
Nukhaila	$Cl (58.70) SO_4 (38.22) HCO_3 (3.08)$ TDS (18009) ———————— pH (8.29) Na (86.19) Ca (10.63) Mg (3.18)	Na-SO_4-chlorid
Nukhaila	$Cl (73.37) SO_4 (23.83) HCO_3 (2.79)$ TDS (24202) ———————— pH (8.09) Na (82.77) Ca (13.05) Mg (4.17)	Na-SO_4-chlorid
Nukhaila	$Cl (74.72) SO_4 (23.52) HCO_3 (1.76)$ TDS (25125) ———————— pH (6.93) Na (84.62) Ca (10.92) Mg (4.46)	Na-SO_4-chlorid
Nukhaila	$Cl (57.22) HCO_3 (22.85) SO_4 (19.94)$ TDS (11878) ———————— pH (7.55) Na (78.16) Ca (11.96) Mg (9.67)	Na-SO_4-HCO_3-chlorid
Nukhaila	$Cl (55.95) HCO_3 (25.37) SO_4 (18.68)$ TDS (12130) ———————— pH (6.91) Na (80.52) Ca (13.37) Mg (6.11)	Na-SO_4-HCO_3-chlorid

Nukhaila	Cl (58.64) HCO_3 (22.8) SO_4 (18.48) TDS (13562) ———— pH (7.30) Na (78.79) Ca (11.15) Mg (10.06)	Na-SO_4-HCO_3-chlorid
Nukhaila	Cl (64.59) SO_4 (33.35) HCO_3 (2.06) TDS (24957) ———— pH (8.89) Na (90.49) Ca (8.49) Mg (1.02)	Na- SO_4-chlorid
Nukhaila	Cl (71.96) SO_4 (25.91) HCO_3 (2.13) TDS (31687) ———— pH (8.67) Na (88.85) Ca (7.96) Mg (3.18)	Na- SO_4-chlorid
Nukhaila	Cl (78.44) SO_4 (20.20) HCO_3 (1.36) TDS (35431) ———— pH (8.55) Na (87.85) Ca (7.81) Mg (4.34)	Na- SO_4-chlorid
Nukhaila	Cl (69.87) SO_4 (20.54) HCO_3 (9.59) TDS (14960) ———— pH (7.20) Na (82.19) Ca (9.57) Mg (8.25)	Na- SO_4-chlorid
Nukhaila	Cl (71.68) HCO_3 (15.90) SO_4 (12.42) TDS (12148) ———— pH (6.92) Na (75.69) Mg (13.73) Ca (10.58)	Na- HCO_3- chlorid
Nukhaila	Cl (63.17) SO_4 (19.55) HCO_3 (17.29) TDS (13555) ———— pH (7.50) Na (76.991) Ca (13.44) Mg (9.57)	Na-HCO_3-SO_4-chlorid
Nukhaila	Cl (62.55) SO_4 (24.33) HCO_3 (13.13) TDS (12959) ———— pH (7.68) Na (68.90) Ca (15.57) Mg (15.53)	Na-Ca-Mg-SO_4-chlorid
Nukhaila	Cl (57.97) SO_4 (28.26) HCO_3 (13.77) TDS (12631) ———— pH (7.35) Na (69.56) Ca (17.32) Mg (13.11)	Na-Ca-SO_4-chlorid
Nukhaila	Cl (58.15) SO_4 (26.53) HCO_3 (15.31) TDS (12455) ————pH (7.36) Na (68.82) Ca (16.85) Mg (14.33)	Na-Ca-HCO_3-SO_4-chlorid

Nukhaila	Cl (64.73) SO_4 (29.37) HCO_3 (5.91) TDS (19552) ———————— pH (7.50) Na (74.22) Ca (17.09) Mg (8.69)	Na-Ca- SO_4-chlorid
Allas	Cl (84.56) HCO_3 (9.16) SO_4 (6.28) TDS (36161) ———————— pH (7) Na (83.88) Mg (8.39) Ca (7.74)	Na-chlorid
Allas	Cl (85.84) HCO_3 (7.78) SO_4 (6.38) TDS (37235) ———————— pH (7.13) Na (83.65) Mg (8.65) Ca (7.40)	Na-chlorid
Allas	Cl (59.13) SO_4 (36.35) HCO_3 (4.52) TDS (23729) ———————— pH (8.47) Na (87.68) Ca (11.21) Mg (1.11)	Na-SO_4-chlorid
Allas	Cl (68.71) SO_4 (29.01) HCO_3 (2.29) TDS (27013) ———————— pH (8.21) Na (70.83) Ca (15.51) Mg (13.65)	Na-Ca--SO_4-chlorid
Allas	Cl (75.61) SO_4 (22.27) HCO_3 (2.12) TDS (24562) ———————— pH (8.88) Na (85.018) Ca (11.10) Mg (3.42)	Na--SO_4-chlorid
Allas	Cl (87.94) SO_4 (8.33) HCO_3 (3.73) TDS (49627) ———————— pH (8.54) Na (81.91) Mg (9.47) Ca (8.62)	Na-chlorid
Allas	Cl (89.97) SO_4 (8.05) HCO_3 (1.98) TDS (45490) ———————— pH (8.59) Na (86.83) Ca (7.38) Mg (5.79)	Na-chlorid
Allas	Cl (72.34) SO_4 (25.49) HCO_3 (2.17) TDS (35019) ———————— pH (8.67) Na (88.66) Ca (9.37) Mg (1.97)	Na--SO_4-chlorid
Allas	Cl (85.82) SO_4 (11.71) HCO_3 (2.47) TDS (56572) ————————pH (8.04) Na (84.19) Ca (9.83) Mg (5.97)	Na-chlorid

Allas	Cl (86.49) SO_4 (11.26) HCO_3 (2.25) TDS (59118) ———————— pH (8.26) Na (84.92) Ca (8.57) Mg (6.51)	Na-chlorid
Allas	Cl (90.69) HCO_3 (4.78) SO_4 (4.53) TDS (49172) ———————— pH (6.75) Na (87.14) Mg (7.62) Ca (5.25)	Na-chlorid

5.5.2. Origem da água de formação

Jons (1963) e Ivanov (1968) classificaram a água em dois grupos, consoante a sua origem genética.

1- Infiltração de água meteórica.

2- Água de origem marinha. Que é

a - A água de sedimentação marinha normal

b -As salmouras fortes residuais das águas das bacias salinas

A água de formação no campo petrolífero de Hamrin difere muito de um domo para outro, tanto no que respeita ao teor de cloreto como à carga total de matéria mineral dissolvida. Pensa-se que estas variações são causadas por factores naturais, como o ambiente de deposição, a mineralogia da formação e a migração de hidrocarbonetos. Estas variações são também causadas por factores físicos, como a estrutura geológica e a quantidade de precipitação. O rácio hidroquímico (rNa/rCl) é utilizado como uma função para conhecer a origem da água de formação. A água de formação de origem marinha tem o valor da razão menor que <1, onde a água meteórica é maior que >1. As razões hidroquímicas dependem dos equivalentes por milhão (epm) dos principais cátions e ânions (Apêndice 2). Os valores de (rNa/rCl) em todas as águas de formação estão listados na (Tabela 5.8) indica a origem meteórica da água de formação, onde em direção à cúpula de Allas mostra uma elevada origem marinha. A comparação da média do rácio hidroquímico no campo petrolífero de Hamrin com a água do mar e outros reservatórios no sul do Iraque (Tabela 5.9) mostra que os valores do presente estudo são superiores aos da água do mar e dos campos no sul do Iraque. Este resultado deve-se ao controlo estrutural da percolação da água superficial até à água de formação, que é considerada um sistema hidrológico aberto no campo petrolífero de Hamrin.

Tabela (5.8) Rácio hidroquímico da água de formação no campo petrolífero de Hamrin

Cúpula	Formação	rCa/rCl	rMg/rCl	rNa/rCl	rSo4/rCl	rNa-rCl/rSo4	Origem da água
Albufudhul	Jeribe/Dhib	0.351	0.136	1.17	0.564	0.314	Meteórico
Nukhaila	Jeribe	0.227	0.056	1.57	0.69	0.829	Meteórico
Nukhaila	Jeribe	0.227	0.113	1.48	0.629	0.629	Meteórico
Nukhaila	Jeribe	0.199	0.0855	1.49	0.637	0.771	Meteórico
Nukhaila	Eufrates	0.222	0.300	1.11	0.247	0.450	Meteórico
Nukhaila	Eufrates	0.332	0.130	1.09	0.240	0.393	Meteórico
Nukhaila	Eufrates	0.332	0.177	1.108	0.316	0.343	Meteórico
Nukhaila	Jeribe	0.338	0.456	1.293	0.140	2.06	Meteórico
Nukhaila	Jeribe	0.181	0.054	1.469	0.651	0.720	Meteórico
Nukhaila	Jeribe	0.177	0.056	1.128	0.324	0.395	Meteórico
Nukhaila	Jeribe	0.146	0.059	1.132	0.314	0.422	Meteórico
Nukhaila	Eufrates	0.209	0.169	1.37	0.348	1.064	Meteórico
Nukhaila	Eufrates	0.239	0.109	1.44	0.33	1.318	Meteórico
Nukhaila	Eufrates	0.19	0.171	1.344	0.315	1.093	Meteórico
Nukhaila	Jeribe	0.131	0.015	1.402	0.516	0.779	Meteórico
Nukhaila	Jeribe	0.110	0.044	1.235	0.360	0.653	Meteórico
Nukhaila	Jeribe	0.099	0.055	1.12	0.257	0.467	Meteórico
Nukhaila	Eufrates	0.137	0.118	1.17	0.294	0.601	Meteórico
Nukhaila	Eufrates	0.147	0.191	1.056	0.173	0.326	Meteórico
Nukhaila	Eufrates	0.214	0.152	1.229	0.309	0.741	Meteórico
Nukhaila	Eufrates	0.249	0.248	1.102	0.388	0.262	Meteórico
Nukhaila	Eufrates	0.298	0.226	1.2	0.487	0.411	Meteórico
Nukhaila	Eufrates	0.29	0.246	1.18	0.456	0.404	Meteórico
Nukhaila	Jeribe	0.264	0.134	1.147	0.453	0.324	Meteórico
Allas	Eufrates	0.0915	0.099	0.992	0.074	-0.106	Marin
Allas	Eufrates	0.086	0.104	0.974	0.074	- 0.340	Marin
Allas	Eufrates	0.189	0.00008	1.48	0.614	0.787	Meteórico
Allas	Eufrates	0.225	0.198	1.03	0.4220	0.074	Meteórico
Allas	Dhib/Euphr	0.146	0.045	1.13	0.294	0.444	Meteórico
Allas	Dhib/Euphr	0.098	0.107	0.931	0.094	- 0.723	Marin
Allas	Dhib/Euphr	0.082	0.064	0.965	0.089	-0.389	Marin

Allas	Eufrates	0.129	0.027	1.22	0.352	0.641	Meteórico
Allas	Eufrates	0.114	0.069	0.981	0.136	-0.137	Marin
Allas	Eufrates	0.099	0.075	0.982	0.130	-0.138	Marin
Allas	Eufrates	0.06	0.088	1.011	0.049	0.228	Meteórico

Tabela (5.9) Comparação da média do rácio hidroquímico no campo de Hamrin com a água do mar, Mishrif, Nahr bin umer, Zubair e Yamama. (Al Khafaji,2003)

Rácio	Água do mar	Mishrif	Nahr Bin Umr	Zubair	Yamama	Hamrin
rNa/rCl	0.8537	0.809	0.775	0.749	0.753	1.192
rCa/rCl	0.0385	0.138	0.177	0.187	0.201	0.189
rMg/rCl	0.1986	0.054	0.051	0.0085	0.051	0.125
rSO4/rCl	0.1030	0.0027	0.0027	0.0024	0.0057	0.336

5.5.3. Classificação da água de formação

A maioria das classificações da água de formação depende dos iões minerais dominantes presentes na solução. O componente dissolvido que é utilizado na maioria das classificações depende da quantidade do catião principal (cálcio, sódio e magnésio) e do anião principal (cloreto, sulfato e bicarbonato). A classificação de Sulin (1946) e a classificação de Piper (1946) são utilizadas no presente estudo.

5.5.3.I. A classificação de Sulin (1946)

A classificação da sulina é considerada a principal classificação da água de formação dividida, que depende de várias combinações de sais dissolvidos na água. (A Tabela 5.10 mostra a relação hidroquímica que indica os principais tipos de água. Sulin classificou a água de formação em quatro tipos pertencentes aos quatro ambientes de distribuição natural da água, dependendo da concentração epm de sal dissolvido. Estes ambientes são.

5. Condições continentais ou terrestres

Estas condições favorecem a formação de águas sulfatadas, cujo tipo genético é (sulfato-sódio).

6. Condições continentais

Estas condições favorecem a formação de água de bicarbonato de sódio. O tipo genético é (bicarbonato -sódio).

7. Condições marinhas

Estas condições promovem a formação de cloreto de magnésio. O tipo genético é (cloreto - magnésio).

8. Condições do subsolo profundo

Estas condições encontram-se no interior da crosta terrestre e favorecem a formação de água do tipo (cloreto-cálcio).

Tabela (5.10) Tipo de água de acordo com a classificação de Sulin (1946)

Type of water		Hydrochemical ratio (epm)		
		Na/Cl	(Na-Cl)/SO_4	(Cl-Na)/Mg
Meteoric (Nonrestricted)	SO_4 – Na	>1	<1	<0
	HCO_3 – Na	>1	>1	<0
Connate (Restricted)	Cl – Mg	<1	<0	<1
	Cl – Ca	<1	<0	>1

(Tabela 5.11) mostra o resultado da água de formação no campo petrolífero de Hamrin de acordo com a classificação de sulin. A maioria dos rácios de rNa/rCl é superior a 1, pelo que a água de formação é de origem meteórica, que é de dois tipos (SO_4 - Na) ou (HCO_3 - Na), a maioria dos resultados mostra o rácio (Na-Cl/SO_4) inferior a 1, pelo que a água de formação é do tipo (SO_4 - Na), mas algumas amostras mostram o rácio (rNa-rCl/rSO_4) superior a 1, pelo que a água de formação é do tipo (HCO_3 - Na). Além disso, algumas amostras mostram que o rácio rNa/rCl é inferior a 1, pelo que a água de formação é de origem marinha, que é de dois tipos (Cl-Mg) ou (Cl-Ca). Raramente, alguns resultados mostram que o rácio rCl-rNa/rMg é inferior a 1, pelo que a água de formação é do tipo (Cl - Mg) e outros mostram que o rácio rCl-rNa/rMg é superior a 1, pelo que a água de formação é do tipo (Cl - Ca). A Tabela (5.11) mostra a seguinte caraterística predominante, (1) tipo de água SO_4 -Na predominante que reflecte o seguinte (a) efeito das unidades de anidrite e gesso da formação Fatha que representam a fonte de (SO_4), (b) efeito do leito salífero composto principalmente por leito de sal (NaCl) que pode representar a elevada percentagem de Na. (2) Origem meteórica para a cúpula de Nukhaila, enquanto a cúpula de Allas apresenta uma elevada percentagem de origem marinha.

Tabela (5.11) Classificação da água de formação no campo petrolífero de Hamrin com base na classificação de Sulin (1946)

Cúpula	Formação	rNa/rCl	rCl-rNa/rMg	rNa-rCl/rSo4	Origem da água	Tipo de água
Albufudhul	Jeribe/Dhib	1.17	-1. 3	0.314	Meteórico	SO_4 - Na
Nukhaila	Jeribe	1.57	-10.23	0.829	Meteórico	SO_4 - Na
Nukhaila	Jeribe	1.48	-4.29	0.629	Meteórico	SO_4 - Na
Nukhaila	Jeribe	1.49	-5.74	0.771	Meteórico	SO_4 - Na
Nukhaila	Eufrates	1.11	-0.37	0.450	Meteórico	SO_4 - Na
Nukhaila	Eufrates	1.09	-0.72	0.393	Meteórico	SO_4 - Na
Nukhaila	Eufrates	1.108	-0.61	0.343	Meteórico	SO_4 - Na
Nukhaila	Jeribe	1.293	-0.64	2.06	Meteórico	HCO_3 - Na
Nukhaila	Jeribe	1.469	-8.64	0.720	Meteórico	SO_4 - Na
Nukhaila	Jeribe	1.128	-2.25	0.395	Meteórico	SO_4 - Na
Nukhaila	Jeribe	1.132	-2.22	0.422	Meteórico	SO_4 - Na
Nukhaila	Eufrates	1.37	-2.19	1.064	Meteórico	HCO_3 - Na
Nukhaila	Eufrates	1.44	-4.03	1.318	Meteórico	HCO_3 - Na
Nukhaila	Eufrates	1.344	-2.006	1.093	Meteórico	HCO_3 - Na
Nukhaila	Jeribe	1.402	-25.49	0.779	Meteórico	SO_4 - Na
Nukhaila	Jeribe	1.235	-5.31	0.653	Meteórico	SO_4 - Na
Nukhaila	Jeribe	1.12	-2.17	0.467	Meteórico	SO_4 - Na
Nukhaila	Eufrates	1.17	-1.49	0.601	Meteórico	SO_4 - Na
Nukhaila	Eufrates	1.056	-0.29	0.326	Meteórico	SO_4 - Na
Nukhaila	Eufrates	1.229	-1.501	0.741	Meteórico	SO_4 - Na
Nukhaila	Eufrates	1.102	-0.41	0.262	Meteórico	SO_4 - Na
Nukhaila	Eufrates	1.2	-0.88	0.411	Meteórico	SO_4 - Na
Nukhaila	Eufrates	1.18	-0.74	0.404	Meteórico	SO_4 - Na
Nukhaila	Jeribe	1.147	-1.09	0.324	Meteórico	SO_4 - Na

Allas	Eufrates	0.992	0.079	-0.106	Marin	Cl - Mg
Allas	Eufrates	0.974	0.24	- 0.340	Marin	Cl - Mg
Allas	Eufrates	1.48	-25.77	0.787	Meteórico	SO_4 - Na
Allas	Eufrates	1.03	-0.15	0.074	Meteórico	SO_4 - Na
Allas	Dhib/Euphr	1.13	-2.89	0.444	Meteórico	SO_4 - Na
Allas	Dhib/Euphr	0.931	0.63	- 0.723	Marin	Cl - Mg
Allas	Dhib/Euphr	0.965	0.54	-0.389	Marin	Cl - Mg
Allas	Eufrates	1.22	-8.27	0.641	Meteórico	SO_4 - Na
Allas	Eufrates	0.981	0.27	-0.137	Marin	Cl - Mg
Allas	Eufrates	0.982	0.23	-0.138	Marin	Cl - Mg
Allas	Eufrates	1.011	-0.12	0.228	Meteórico	SO_4 - Na

5.5.3.2 Classificação da Piper

É uma representação gráfica da química de amostras de água de formação ou amostra. Os catiões e aniões são representados por gráficos ternários separados. Os vértices do gráfico de catiões são os catiões cálcio, magnésio e sódio mais potássio. Os vértices do gráfico de aniões são os aniões sulfato, cloreto e carbonato mais bicarbonato. Os dois gráficos ternários são então projectados num diamante. O diamante é uma transformação matricial de um gráfico dos aniões e catiões. Piper (1946) propôs um diagrama trilinear para a classificação da água; consiste em dois gráficos trilineares e um gráfico em losango. Nos diagramas de Piper, as concentrações de catiões e aniões são expressas em percentagem de equivalentes por milhão (epm%) (Apêndice 3). As sete classes de água estão contidas no diagrama de Piper, como mostra a Figura (5.8).

O diagrama de Piper dita a sua relação com outras amostras, e pode identificar a unidade geológica que tem água quimicamente semelhante. Além disso, mostra a natureza da amostra de água de formação. Os diagramas de Piper estão divididos em sete classes, como se segue (Tabela 5.12).

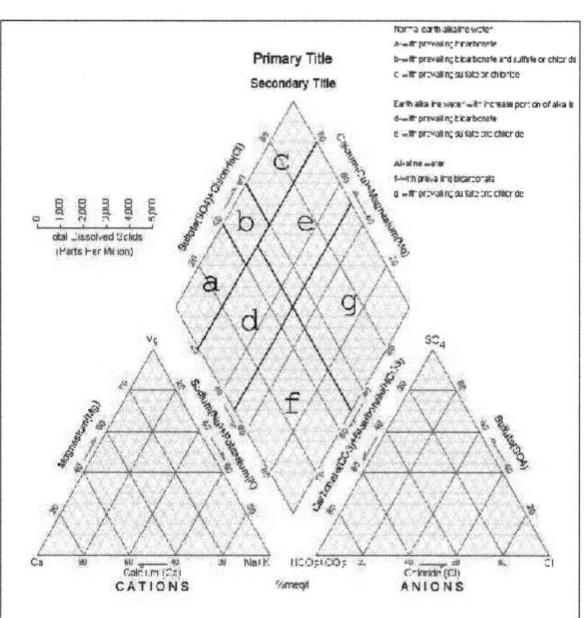

Figura(5.8) Diagrama triangular de Piper

Tabelas (5-12) Representam classes de diagramas de acordo com Piper (1946).

Classe	Normal alcalino terroso
a	Com bicarbonato predominante
b	Com bicarbonato e sulfato ou cloreto predominantes
c	Com sulfato ou cloreto predominante
	Água alcalina da terra com aumento da porção alcalina
d	Com bicarbonato predominante
E	Com predominância de sulfato e cloreto
	Água alcalina
F	Com bicarbonato predominante
g	Com predominância de sulfato e cloreto

A Figura (5.9) mostra que os pontos da água de formação se situam na metade inferior do losango que representa a salinidade primária da água. Aplicando a classificação de Piper às amostras de água de formação do campo petrolífero de Hamrin, verifica-se que as amostras de água de formação se enquadram na classe (g), que representa água alcalina com predominância de sulfato e cloreto. Por conseguinte, é evidente que a maioria das amostras de água de formação no campo petrolífero de Hamrin são sulfatadas e cloretadas. A hidrogeoquímica reflecte o resultado da lavagem das camadas superiores e o transporte para a água de formação. Além disso, reflecte a imagem das rochas; calcário, além de principalmente anidrite, gesso e halite.

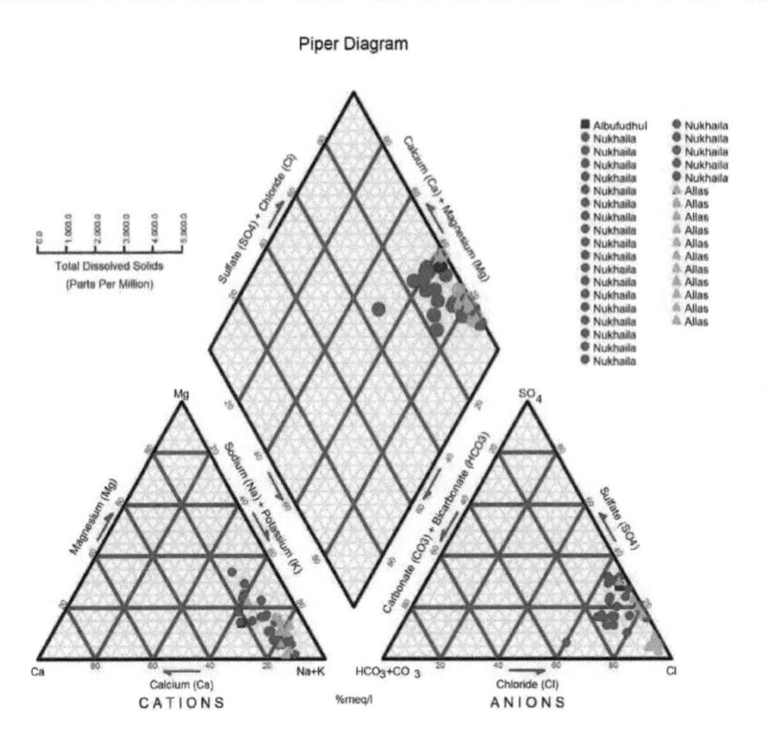

Figura (5.9) Diagrama de Piper da água de formação no campo petrolífero de Hamrin

Capítulo 6

Controlo estrutural da variação da salinidade

6.1. Prefácio

A variação da salinidade resulta da percolação da água superficial (água da chuva) através de fracturas e da interação entre a água e as rochas hospedeiras ou entre a água e o petróleo no interior do reservatório. Estas variações são controladas por factores estruturais que desempenham um papel na variação da química da água de formação. Este capítulo está relacionado com os capítulos anteriores para dar uma imagem clara do controlo estrutural da variação da salinidade e da composição da água de formação. O controlo estrutural da variação da salinidade no campo petrolífero de Hamrin inclui a geometria das dobras e o sistema de fracturas.

6.2. Controlo da geometria da dobra na variação da composição da água de formação

A geometria da dobra desempenha um papel importante na variação da química da água de formação e no trajeto do fluxo de percolação ao longo do anticlíneo de Hamrin Norte. O eixo norte da anticlina de Hamrin está orientado para NW-SE com dois mergulhos duplos e esta tendência é formada pela força de compressão devido à colisão da placa árabe com a placa iraniana. O anticlíneo de Hamrin é constituído por três cúpulas com diferentes alturas estruturais. A cúpula de Albufudhul representa a cúpula mais alta, enquanto a cúpula de Allas é a mais baixa. Estas diferenças estruturais elevadas reflectem a intensidade das diferenças de dobragem entre os campos. A alta intensidade de dobragem no domo de Albufudhul representa a formação de vales longos e profundos ao longo do limbo SW do domo, causando o aumento da região de escoamento que afecta a percolação da água. Para além disso, os vales longos e profundos ao longo do limbo SW do domo de Albufudhul são menos afectados no domo de Nukhaila. Através da comparação das análises da água de formação com a geometria da dobra, verificou-se que as propriedades químicas e físicas da água de formação são inferiores às do domo de Albufudhul, devido à diluição com a água de superfície e à variação no domo de Nukhaila e à interação da água de formação com as rochas hospedeiras, enquanto a composição e a salinidade aumentam no domo de Allas devido à geometria do domo (Figura 6.1).

6.3. Controlo dos sistemas de fracturação e morfométricos na variação da salinidade da água de formação.

Existe uma relação muito boa entre a percolação da água superficial e o sistema de fracturação representado pelos lineamentos na área estudada. A percentagem de água percolada para o aquífero é sempre controlada pela intensidade das fracturas, pela intersecção das fracturas e as condições hidrológicas são representadas pela área de escoamento superficial e pelas condições climáticas. A intensidade dos lineamentos na área de estudo prevalece com um padrão de drenagem que permite a percolação fácil das águas superficiais, especialmente na cúpula de Albufudhul, com vales profundos no membro SW, que provavelmente expõe a formação de Jeribe e contrasta com o mergulho a norte da cúpula de Nukhaila, que é considerada como condutas para a percolação das águas superficiais, enquanto os lineamentos na cúpula de Allas prevalecem com um padrão de drenagem denso que aumenta o escoamento superficial e forma uma caraterística geomorfológica de badland (Figura 4.7). A intersecção de fracturas na área de estudo prevalece em duas direcções. A direção principal é NE-SW que é perpendicular ao eixo da dobra, enquanto a direção secundária é NW-SE que aumenta na cúpula de Allas (Figura 4.6). A direção principal é predominante com falhas verticais subsuperficiais entre três domos. A falha vertical perto do domo de Nukhaila e o limbo SW do domo de Albufudhul são factores de controlo da variação da salinidade e das propriedades da água de formação, pois funcionam como condutas para a percolação da água de superfície que leva à diluição da salinidade e altera as propriedades da água de formação dos domos de Albufudhul e Nukhaila, enquanto que a falha vertical entre os domos de Nukhaila e Allas é considerada impermeável para a percolação das águas superficiais devido à presença de uma fonte de água, pelo que o domo de Allas é considerado como um sistema semi-fechado, onde os domos de Albufudhul e Nukhaila se misturam, o que leva a um aumento da salinidade e do material dissolvido nas propriedades da água de formação. A salinidade no domo de

Albufudhul (poço 41) dilui-se com a água de superfície e aumenta em direção ao (poço 6) devido à interação entre a água de formação e as rochas hospedeiras, enquanto a salinidade no domo de Nukhaila (poço 18) é muito variável em comparação com a salinidade do domo de Albufudhul porque existem duas fontes de percolação da água de superfície a partir do sistema de fratura do domo de Albufudhul e ao longo da falha vertical que está presente perto do poço (18), a salinidade aumenta no poço (79) que, na crista do domo de Nukhaila, está relacionada com a geometria do domo e com a interação entre a água de formação e as rochas hospedeiras, enquanto a salinidade no domo de Allas varia muito em relação aos domos de Albufudhul e Nukaila devido à falha impermeável entre o (poço 79) e o (poço 27) através do atual Hurst, que leva a semi-isolar o domo de Allas de outros domos e a aumentar a salinidade no (poço 27) e no (poço 54) (Figura 6.1).

A análise morfométrica indica que o sistema de drenagem predominante é do tipo dendrítico, o que constitui um indicador de um controlo estrutural intensivo das linhas de drenagem. Este padrão desempenha um papel na percolação das águas superficiais de acordo com a sua relação com os lineamentos (fracturas) e a sua distribuição. A densidade do padrão de drenagem e a relação com os lineamentos é um fator eficaz na percolação da água. A elevada densidade do padrão de drenagem e dos lineamentos significa um elevado escoamento superficial, como acontece na cúpula de Allas, enquanto a baixa densidade do padrão de drenagem e a elevada densidade dos lineamentos revelam uma possível percolação elevada das águas superficiais, especialmente nas cúpulas de Albufudul e Nakhaila (Figuras 4.9 e 4.10).

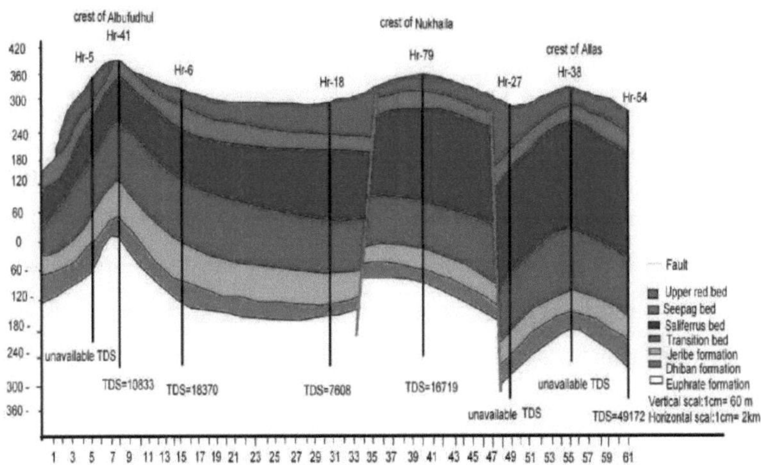

Figura (6.1) Secção transversal geológica longitudinal ao longo do campo petrolífero de Hamrin

6.3.Indicador hidroquímico da água de formação e variação da salinidade

O indicador hidroquímico inclui a salinidade (TDS) e os rácios iónicos (rNa/rCl, rCl/rMg e rCa/rMg), que são utilizados como métodos geoquímicos para determinar a área de percolação da água de superfície (água da chuva) para a água de formação, bem como para determinar as zonas hidrodinâmicas no campo petrolífero de Hamrin. A hidrodinâmica é definida como o movimento da água no intervalo do reservatório. As condições hidrodinâmicas que afectam os contactos de fluidos estão normalmente associadas a aquíferos meteóricos activos a profundidades relativamente baixas. As indicações de fluxo meteórico ativo incluem água de baixa salinidade, relevo topográfico elevado e proximidade de áreas de recarga (Watts, 1987).

A salinidade da água de formação aumentou da área de recarga no NW para a área impermeável no SE, bem como o aumento com a profundidade e dependeu do gradiente hidráulico. A água de formação nos campos petrolíferos encontra-se em três zonas hidrodinâmicas (Chebotarev,1955).

4. Zona de troca ativa: A água de formação nesta zona é influenciada por movimentos hidrodinâmicos activos com descarga. Esta zona tem água de formação de baixa salinidade.

5. Zona de troca retardada: O fluxo hidrodinâmico tem movimentos baixos e água de formação de alta salinidade.

6. Zona de estagnação: Nesta zona, o caudal hidrodinâmico é muito baixo e a água de formação tem uma salinidade muito elevada.

O mapa de isosalinidade mostra que a área de percolação é igualada com o aumento da salinidade, ou da área de baixa salinidade para a área de alta salinidade. Os rácios hidroquímicos rNa/rCa e rCa/rMg diminuem com o aumento da salinidade, enquanto o rácio rCl/rMg aumenta com o aumento da salinidade (Al Kafaji, 2003).

6.3.1. Variação da salinidade

A salinidade da água de formação no campo petrolífero de Hamrin (Figura 6.2) diminui na parte noroeste (cúpula de Albufudhul), devido à percolação da água de superfície (água da chuva) que leva à diluição da salinidade, pelo que a cúpula de Albufudhul é considerada uma zona hidrodinâmica ativa. A salinidade aumenta em direção à cúpula de Nukhaila, que representa uma zona de troca retardada, e torna-se elevada na cúpula de Allas, que representa uma zona de estagnação. A área de estudo foi sujeita a movimentos tectónicos activos durante o Paleoceno tardio que levaram à elevação das rochas do cabo da formação Fatha (AL Naqib, 1959), para além da exposição da formação Jeribe à superfície, especialmente no membro SW da cúpula Albufudhul (Al Wared 2012). Esta exposição leva à percolação de água de baixa salinidade que leva à diminuição da salinidade e à oxidação do petróleo nos domos de Albufudhul e Nukhaila, enquanto o domo de Allas é a melhor região para a acumulação de hidrocarbonetos porque é considerado um sistema semi-fechado quando comparado com os domos de Albufudhul e Nukhaila.

6.3.2. Rácios hidroquímicos (rNa/rCl rCa/rMg rCl/rMg)

O rácio rNa/rCl no campo petrolífero de Hamrin (Figura 6.3) aumenta no domo de Albufudhul devido à percolação de água superficial e diminui gradualmente com o aumento da salinidade para sudoeste dos domos de Albufudhul a Allas. O rácio rCa/rMg (Figura 6.4) diminui gradualmente com o aumento da salinidade entre os domos de Albufudhul e Allas, enquanto o rácio rCl/rMg (Figura 6.5) aumenta com o aumento da salinidade em direção ao domo de Allas. Este rácio hidroquímico é um indicador do caminho do fluxo de percolação para a água de formação no campo petrolífero de Hamrin a partir da cúpula de Albufudhul, e de baixo efeito a partir da cúpula de Nukhaila, enquanto a cúpula de Allas é considerada impermeável à percolação da água de superfície (água da chuva).

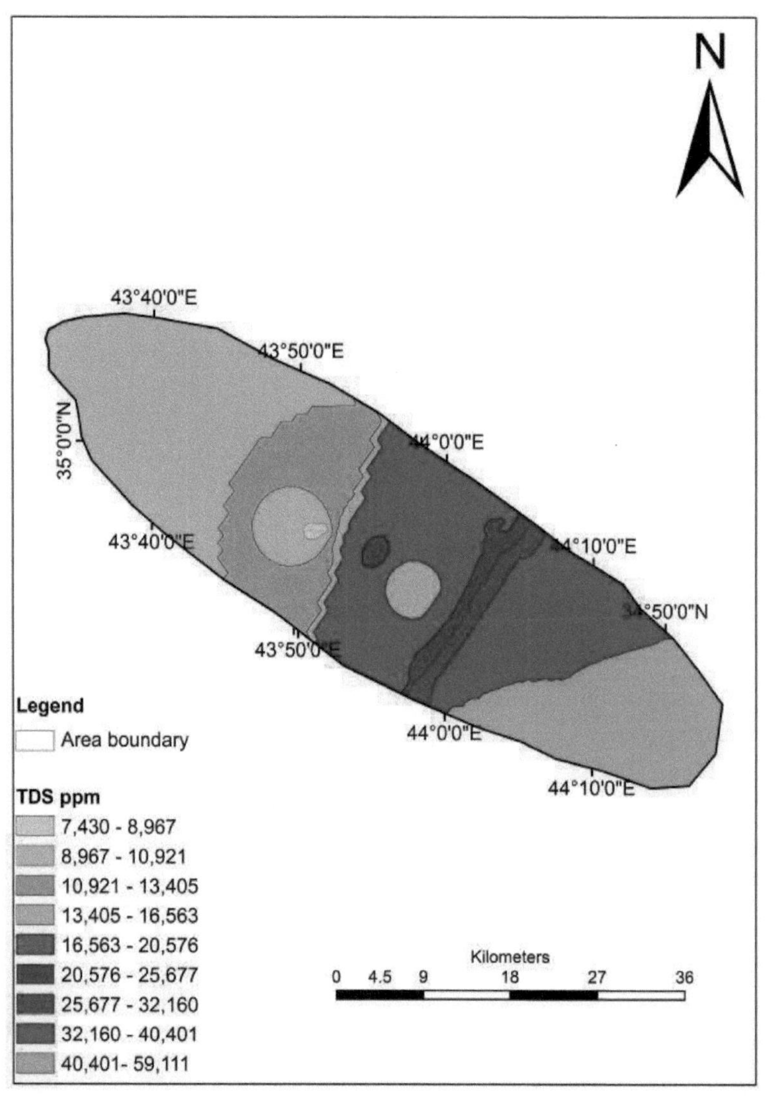

Figura (6.2) Mapa de distribuição da salinidade da água de formação no campo petrolífero de Hamrin

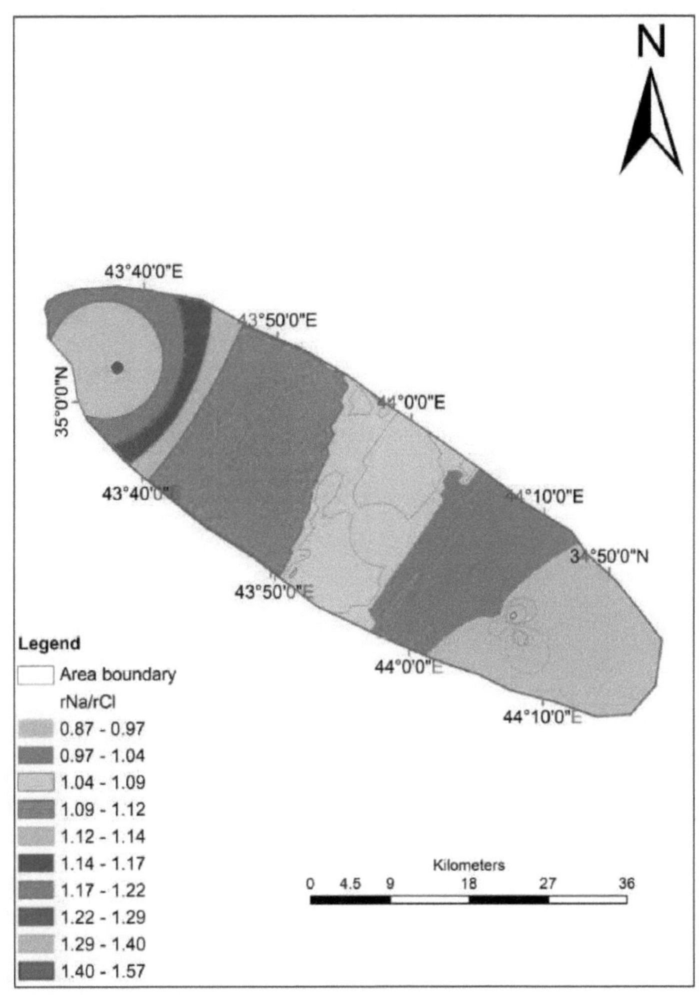

Figura (6.3) Mapa de distribuição de rNa/rCl no campo petrolífero de Hemrin

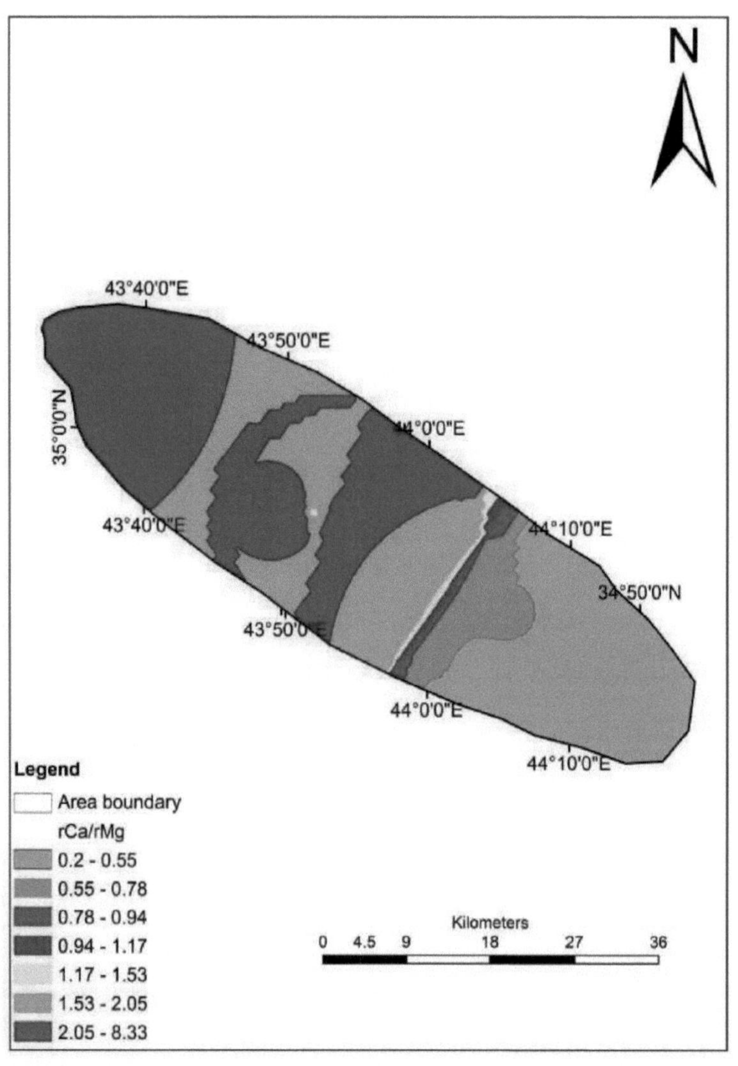

Figura (6.4)Mapa de distribuição de rCa/rMg no campo petrolífero de Hamrin

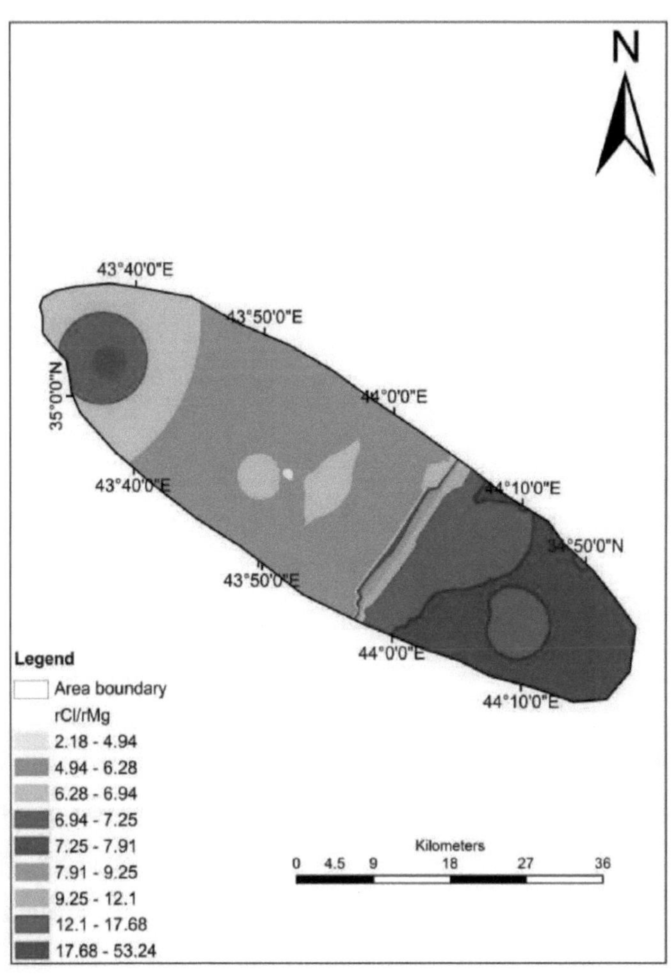

Figura (6.5) Mapa de distribuição de rCl/rMg no campo petrolífero de Hamrin

Capítulo 7

Conclusões

7.1.Conclusões

1. A aplicação da teledeteção e do programa geológico revelou-se uma técnica eficaz para gerar dados e integrar as diferentes camadas, tais como a extração automática de lineamentos, a densidade de lineamentos, a rede e a densidade de drenagem, o comprimento e a frequência dos lineamentos, o que reduz os custos, o tempo e o esforço utilizados na realização de trabalhos de pormenor e, por sua vez, aumenta a precisão dos resultados finais.

2. A classificação dos lineamentos mostra a predominância de lineamentos curtos (menos de 2 km) que reflectem a fracturação da cobertura sedimentar superficial. Além disso, mostra a influência das falhas do subsolo na área de estudo devido à elevada percentagem de lineamentos.

3. A intensidade dos lineamentos prevalece com o padrão de drenagem, que são considerados como condutas para a percolação das águas superficiais em Albufudhul e no mergulho norte das cúpulas de Nukhaila, enquanto na cúpula de Allas aumentam o escoamento superficial e formam uma caraterística geomorfológica de badland.

4. A análise morfométrica indica que o sistema de drenagem predominante é do tipo dendrítico, o que constitui um indicador de um controlo estrutural e litológico intensivo das linhas de drenagem. A baixa densidade de drenagem desempenha um papel na percolação das águas superficiais nas cúpulas de Albufudhul e Nukhaila, enquanto a elevada densidade de drenagem na cúpula de Allas aumenta o escoamento superficial.

5. O diagrama de frequência e comprimento dos lineamentos na área de estudo mostra dois grandes sistemas de fracturas, o primeiro sistema ocorre na direção NE- SW. O segundo sistema de fracturas nas direcções NW-SE, os lineamentos interpretados nas imagens de satélite representam traços superficiais de fracturas profundas prováveis nas rochas do subsolo. A análise do diagrama de frequência e comprimento dos lineamentos mostra que a direção NE-SW é a direção principal na área de estudo, que

é a mesma direção do padrão de drenagem, enquanto o segundo sistema NW-SE é a mesma direção do anticlinal.

6. A água de formação tem um pH diferente (6,75 - 8,89). Esta gama tem um papel positivo e negativo nas caraterísticas petrofísicas do reservatório (porosidade e permeabilidade). Assim, qualquer alteração do valor do pH para o estado alcalino cria problemas que conduzem a uma fraca produção de petróleo, porque a água alcalina precipita os carbonatos dissolvidos nos poros e nos espaços intersticiais, reduzindo a porosidade e a permeabilidade.

7. A água de formação no campo petrolífero de Hamrin pertence ao tipo Na-SO4-clorídrico, o que indica uma associação com um reservatório de sistema aberto que é influenciado pela percolação de água e é considerado uma zona má para a preservação de hidrocarbonetos, especialmente em Albufudhul e no membro nordeste do domo de Nukhaila.

8. A água de formação no campo petrolífero de Hamrin é de origem mista entre água meteórica e água contida de salinidade muito variável, desde salinidade média com TDS de 7430 mg/l, até salmoura com TDS de 59118 mg/l. Os catiões variam entre rNa > rCa > rMg e os aniões entre rCl > rSO4 > rHCO3.

9. A água de formação é classificada de acordo com a sulina como de origem meteórica para o tipo Na-SO4 , enquanto que de acordo com a classificação de Piper, a água de formação no campo petrolífero de Hamrin é água alcalina com sulfato e cloreto predominantes que resultam da lavagem das camadas superiores e do transporte para a água de formação.

10. A variação da salinidade e as alterações na composição da água de formação resultam da percolação da água superficial e da interação entre a água e as rochas hospedeiras através do percurso do fluxo. Estas causas são controladas pela estrutura dos três domos através do sistema de fracturas e da geometria das dobras. A falha vertical perto do domo de Nukhaila e o limbo SW do domo de Albufudhul são factores de controlo da variação da salinidade e das propriedades da água de formação, pois funcionam como condutas para a percolação da água superficial que leva à diluição da

salinidade e altera as propriedades da água de formação dos domos de Albufudhul e Nukhaila, enquanto a falha vertical entre as cúpulas de Nukhaila e Allas é considerada impermeável à percolação da água superficial devido à atual Hurst, pelo que a cúpula de Allas é considerada como um sistema semi-fechado nas cúpulas de Albufudhul e Nukhaila, o que leva ao aumento da salinidade e do material dissolvido das propriedades da água de formação.

11. O rácio hidroquímico (rNa/rCl, rCl/Mg, Ca/rMg) e a variação da salinidade mostram que existem três zonas hidrodinâmicas de acordo com o movimento da água, a cúpula de Albufudhul forma uma zona de troca ativa que reflecte o movimento ativo da água, a cúpula de Nukhaila forma uma zona de troca retardada que reflecte movimentos menos activos da água, enquanto a cúpula de Allas forma uma zona de estagnação que reflecte movimentos impermeáveis da água.

Referências

- Abbas, F. H., 2002: Hydrogeochemistry of oilfield brines of Al- Khsib reservoir east Baghdad oilfield. Unpubl, M. Sc. Thesis, College of Science, University of Baghdad. 70P. (em árabe).

- Ahmad, M. A. e El Esia, M. A., 2001: Hamrin formation, new lithologic unit for early Miocene in north Iraq, Journal Rafden Science, Vol. 14, Number 1.68-78P (em árabe).

- Al Atroshy, S. J., 1999: Geração e distribuição de pressões na formação de Zubair e o seu efeito na migração de hidrocarbonetos - campo de Rumaila Norte, sul do Iraque. Unpubl, M. Sc. Tese, Faculdade de Ciências, Universidade de Bagdade. 144P. (em árabe).

- Al Abbasy, M. A., 1999: Estudo hidrogeoquímico e hidrodinâmico das formações do Cretáceo superior do campo leste de Bagdade. Unpubl, M. Sc. Thesis, College of Science, University of Baghdad. 110P. (em árabe).

- Al Atabi, A. N., 2009: Hidrogeoquímica da água do reservatório da formação Yamama e estimativa da sobrepressão em poços de petróleo selecionados - campos do sul do Iraque. Tese de Mestrado não publicada. Tese de Mestrado, Faculdade de Ciências, Universidade de Basrah. 162P. (em árabe).

- Al Doury, E. M., 2012: Hidrogeologia da bacia do vale de Zightoon oeste / NE Tikrit. Unpub. Tese de Mestrado, Faculdade de Ciências, Universidade de Tikrit. 124P(em árabe).

- Al Dabbas. M. A. e Al Sagri. K. E. A e Al Jassim . J. A e Al Jwaini. Y. S., 2011: Estudo sedimentológico e digenético da formação calcária de Jeribe do Mioceno médio inicial em poços selecionados do campo petrolífero do norte do Iraque (Ajil, Hamrin, Jadid, Khashab,). Jornal Bagdade ciência . Vol . 10, No. 1.216P.

- Al Dulaimy, H. A., 2006: Alargamento de riachos na montanha sul de Hemrin, a nordeste da cidade de Muqdadiya (estudo geomorfológico). Tese de Mestrado não publicada, Faculdade de Educação, Universidade de Diyala, Iraque, 144p. (em árabe).

- Al Hachem, A. E., 2012: A falha na área de Khanaqin e seu efeito na estrutura sul de Hemrin. Unpub. Tese de Mestrado, Faculdade de Ciências, Universidade de Bagdade. 114P.

- Al Janabi, J. M. A., 2010: Estudo da estabilidade de taludes e de algumas propriedades geotécnicas para formações expostas em Hemrin fold /NE Tikrit . Unpub. Tese de Mestrado, Faculdade de Ciências, Universidade de Tikrit. 124P(em árabe).

- Al Jwaini, Y. S. K., 2001: Estudo sedimentar da formação calcária de Jeribe em poços selecionados de (campos petrolíferos do norte do Iraque, Hamrin-, Saddam-, Khashab-, Jadid), Unpub. Tese de Mestrado, Faculdade de Ciências, Universidade de Bagdade (em árabe).

- Al Khafaji, J. L. A., 2003: Hidrogeoquímica e hidrodinâmica de salmouras de campos petrolíferos de reservatórios do Cretáceo em campos petrolíferos - sul do Iraque. Tese de Doutoramento, Faculdade de Ciências, Universidade de Bagdade. Unpubl. 210P. (em árabe).

- Al Kraaey, N. A., 2013: O fenómeno dos lineamentos de efeitos e as suas evidências geomorfológicas na dobra Allas /north Hamereen. Unpub. Tese de Mestrado, Faculdade de Educação, Universidade de Tikrit. 142P.

- Al Marsoumi, A. H, e Abdulwahab. D. S., 2005: Hydrogeochemistry of Yamama reservoir formation water-west Qurna oilfield -southern Iraq, Basrah Journal of Science, Vol. 23, No. 1. 20P.

- Al Momany, R. M., 1997: Deteção remota em Hidrologia (Hidrologia da bacia do wadi mkjab em Jourdan). 199P.

- Al Miahy, D. S., 2004: Estudo da tectónica e estrutura da subzona de Makhul - Hemrin /nordeste do Iraque. Unpub. Tese de Mestrado, Faculdade de Ciências, Universidade de Basra, 71P (em árabe).

- Al Naimi, A. I., 2012: Estudo estrutural do campo de Balad e seus indicadores de reservatório. Unpubl, M. Sc. Tese, Faculdade de Ciências, Universidade de Tikrit. 127P.

- Al Naqib, K. M., 1967: Geology of Arabian Peninsula, southern Iraq USGS professional, paper, No. 560G., 54p.

- Al Naqib, K.M., 1959: Geologia da zona sul da liwa de Kirkuk. 2nd Arab Petroleum Cong. Pub., Londres.

- Al Sayyab, A, 1989: Petroleum Geology, Ministério do Ensino Superior e da Investigação Científica, Universidade de Bagdade. 470P.

- Al Ward, A. H., 2012: Análise estrutural do estudo e sua indicação tectônica da cúpula de Albufudhul no anticlíneo Hemrin do norte. Unpub. Tese de Mestrado, Faculdade de Ciências, Universidade de Tikrit. 124P(em árabe).

- Al Yasiri, A. A., 2000: Estudo da geoquímica e hidrogeoquímica do membro superior do arenito - formação Zubair no campo sul de Rumaila / sul do Iraque. Unpubl, Tese, M. Sc, Faculdade de Ciências, Universidade de Basra. 77P. (em árabe) .

- Baker, N. E. e Henson, F. R. S., 1952: Geological conditions of oil occurrence in Middle east fields, AAPG, 26 (10): 18851901.

- Bellen, R. C., Van, H. V., e Wetzel, R., e Morton, D. M., 1959: Lexique stratigraphique international. V. 3, Iraque, Ásia, Paris, Internat. Geol. Cong., Comm. Stratig., Pt. 10a, 333P. Centre Nat. Recherche Sci.

- Billings, G. K., Hitchon, B. e Shaw, D. R., 1969: Geoquímica e origem das águas de formação na bacia sedimentar do oeste do Canadá, 2. Metais alcalinos. Chem. Geol., 4:211223.

- Bjerkum, P. A., Oelkers, E. H., Nadeau, P. H., Walderhaug, O. e

Murphy, W. H., 1998: Previsão de Porosidade em Arenitos Quartzosos em Função do Tempo, Temperatura, Profundidade, Frequência de Estilolitos e Saturação de Hidrocarbonetos, Boletim da Associação Americana de Geologia do Petróleo, 82, 637-648.

- Bolton, C. M. G., 1958: A geologia da área de Rania, Site Invest. Co. Rep. Vol. IXB P. 117, D. G. Geol. Surv. Min. Inves. Lib. Rep. No. 271 Bagdade, Iraque.

- Bojorski, L., 1970: Hydrochemical Classification, Z. Angew. Geol, 16, pp123-125.

- Buday, T., 1980: Estratigrafia e Paleogeografia. In: I. I. M., Kassab;S. Z., Jassim(Editores): The Regional Geology of Iraq, stratigraphy and palegeography, Volume 1, Dar Al- Kutib Publishing House, Univ. of Mosul, Iraq, p 445.

- Buday, T., 1973: Regional geology of Iraq, Geoserv, Bagdade, Unpub.

- Buday T. e Jassim S. Z., 1984: Relatório Final e o Serviço Geológico Regional do Iraque, Unpub. Relatório SOM. Biblioteca. Quadro Tectónico de Bagdade, 2.

- Buday, T. e Jassim, S. Z., 1987: The Regional Geology of Iraq. Vol. 2: Tectonic, Magnetism, and Metamorphism, Publicação de GEOSURV, Bagdade, Iraque, 352p.

- Chatton, M. e Hart, E., 1960: Revision of the Tithonian to Albian of Iraq. Relatório do IPC, biblioteca do INOC.

- Chebotarev, I., 1955: Mecanismo de águas naturais na crosta de intemperismo geoquímico cosmche. Acte. Vol. 8, pp22-212.

- Charon, J. E., 1974: Aplicações hidrogeológicas das imagens de satélite ERTS. In: Proc UN/FAO regional seminar on remote sensing of earth resources and environment, Cairo. Conselho Científico da Commonwealth, 439-456.

- Clemmit, F.A., Ballance, C.D. e Hunton, G.A., 1985: The Dissolution of Scales in Oilfield Systems. A Conferência Offshore Europe 85 em conjunto com a Sociedade de Engenheiros de Petróleo da AIME. 10-13 de setembro. Aberdeen: SPE 14010,1-32.

- Clayton, R. N., Friedman, I., Gzaf, D. L., Mayeda, T. K., Meents, W. F. e Sffimp, R.F., 1966: The origin of saline formation waters -I: Isotopic composition. J. Geophys. Res. 71, 3869-3882.

- Collins, A. G., 1975: Geochemistry of Oilfield Waters. Development in Petroleum Science, Elsevier Sci. Publ. Co., Oxford - New York, 464P.

- Davis S. N. e Dewiest R. J. M., 1966: Hydrogeology, John Wiley and Sons, Nova Iorque, 463p.

- Deikran, D. B., 2003: O estudo da deformação finita na dobra norte de Hamrin, no centro do Iraque. Unpub, Tese de Doutoramento, Faculdade de Ciências, Universidade de Bagdade. 178 P.

- Deshmukh, D. S., Chanbe, U. C., Tignath, S., e Pingale, S. M., 2011: Geomorphological analysis and distribution of badland around the confluence of Narmada and Sher river, India. Eurpean water, Vol. 36, pp. 15-26.

- Dewey, J. F., Pitmaa, W. c., Byan. W. B. F e Bonnin, J., 1973: Plat Tectonic and Evolution of the Alpine system. Geol. Soc. Am. Bull, Vol. 84. pp: 3137- 3180.

- Ditmar, V., Afanasiev, J., e Shanakova, E., 1971: Geological conditions and hydrocarbon respects of the Republic of Iraq (northern and central parts), Biblioteca do INOC, Bagdade, Iraque.

- Dollar, P. S., 1991: The Middle Devonian geology of the Sarnia-London road oil field, southwestern Ontario. Tese de licenciatura não publicada, University of Western Ontario, London, Ontario, 57p.

- Dunington, H. V., 1958: Geração, migração, acumulação e dissipação de petróleo no norte do Iraque. Habitat do petróleo - um simpósio. Amer. Assoc Petrol. Geol. Tulsa, G. L. Weeks (Editor) pp. 1194-1251.

- Edet, A. E., Okereke, C. S., Teme, S. C. e Esu, E. O., 1998: Aplicação de dados de deteção remota na exploração de águas subterrâneas. Um estudo de caso do estado de Cross River, sudeste da Nigéria. Hydrogeology J. 6:394-404.

- El Etr, H., 1974: Proposta de terminologia para caraterísticas lineares naturais, atas da 1st Conferência internacional sobre a nova tectónica do subsolo. Utah Geol pub., No. 53. p, p, 480-489.

- El Hadani, D., 1997: Sensoriamento Remoto e Sistemas de Informação Geográfica para a gestão e pesquisa da água. GeoObserver. Relatório Temático, 1: 28.

- El Naqaq, A., Nezar. H. Khalil. I e Masdouq. E., 2009: Integrated approach for ground water exploration in wadi Araba in Jordan using remote sensing and GIS. Jornal de Engenharia Civil da Jordânia, volume 3, n.º 3. 243P.

- Fadil, D. T., 2013: Caracterizações sedimentológicas e de reservatório da formação

Jeribe no campo petrolífero Allas dome /north Hamrin. Unpub . Tese de Mestrado. Faculdade de Ciências. Universidade de Tikrit. 120P.

- Faure, G., 1998: Principles and Application of Geochemistry, 2nd ed Printice Hall. New Jersey, 600p.

- Relatório final do poço do campo petrolífero de Hamrin na NOC

- Fontes, J. Ch. e Matray, J. M., 1993: Geoquímica e origem das salmouras de formação da Bacia de Paris, França. 1. Brines associated with Triassic salts, Chemical Geology, 109, 149-175.

- Fuad, M. Q., 2008: Avaliação da formação do reservatório superior de Qamchuqa, campo petrolífero de Khabbas, Kirkuk, nordeste do Iraque. Unpub, Tese de Doutoramento, Faculdade de Ciências, Universidade de Sulaimani. 159P.

- Goldschmidth, V. M., 1958: Geochemistry, Universidade de Oxford, Londres, 370p.

- Graf, D. L., Meents, W. F., Frffidman, I. e Shimp N. F., 1966: A origem das águas de formação salinas - HI: Águas de cloreto de cálcio. Illinois Geol. Surv. Circ. 397, 60p.

- Gulcan, S., 2005: Análise de lineamentos a partir de imagens de satélite, a noroeste de Ankara. Pub. Tese de Mestrado. Escola de Ciências Naturais e Aplicadas. Universidade Técnica do Médio Oriente. 76 P.

- Hanor, J. S., 1994: Origin of saline fluids in sedimentary basins, in (Parnell, J. ed.) Geo fluids, origin, migration and evolution of fluids in Sedimentary Basins, Geological Society Special Publications, 78, 151-174.

- Hancock, P. L., 1985: Brittle Micro-tectonic, Principles and practice, J. of Struct. Geol., Vol. 7, pp: 437-457.

- Halliburton, 2001: Geologia básica do petróleo e análise de registos Halliburton 51 Geologia básica do petróleo.

- Hem, J. D., 1970: Estudo e interpretação do Ghem; Cal caraterísticas da água natural (2 Ed). US. Geol. Surv. Water Supply Paper NO. 1473, 363pp.

- Hem, J. D., 1985: Estudo e interpretação das caraterísticas químicas da água natural (3ª ed.). USGS watersupply papers-2254. 253p.

- Henson, F. R. S., 1951: Oil occurrences in relation to regional geology of the Middle East, Tulsa Geol. Soc. Digest, Vol. 19, pp. 72-81.

- Health, R. C., 1983: Basic Ground water Hydrology, U. S. Geological Survey, water supply paper, 2220, 84P.

- Hijab, B. R. e Al Dabbas, M. A., 2000: Tectonic Evolution of Iraq, Iraqi Geological Journal, Vol. 32, 33. pp: 26- 47.

- Hobbs, B. E, Means, W. D. e Williams, P. F., 1976: An outline of Structural Geology. John Wiley and Sons, Inc., Nova Iorque, 571p.

- Houston, S. J., 2007: Água de formação em reservatórios de petróleo; seus controles e aplicações. Pub. Tese de Doutoramento. Escola da Terra e do Ambiente. Universidade de Leeds. 240P.

- Hubbert, M. K. 1967: Aplicação da hidrodinâmica à exploração de petróleo. 7 th World Petrol. Cong. Proc., Cidade do México, 18: 59-75.

- Hubbert, M. K., 1967: Aplicação da hidrodinâmica à exploração de petróleo. 7thWorld Petrol. Cong. Proc., Cidade do México, 18: 59-75.

- Hussein, A. R., 2013: Hidrogeoquímica da água do campo petrolífero e danos na formação do reservatório de Zubair no norte do campo de Rumaila, no sul do Iraque. Unpub. Tese de Mestrado, Faculdade de Ciências, Universidade de Bagdade. 124P.

- Hutcheon, I. e Abercrombie, H., 1990: Carbon dioxide in clastic rocks and silicate hydrolysis, Geology, 18, 541-544.

- Hudak, P. F., 2000: Principles of Hydrogeology, Second Edition, Lewis Publisher, Florida, U. S. A., 204P.

- Huggett, R. J., 2003: Fundamentals of Geomorphology. Publicado nos EUA e no Canadá. 1ª edição, 386p.

- Ivanov, V. V. Barvanon, L. N. e Plotnikova, G. N. 1968: O principal tipo genético de água mineral da crosta terrestre e sua distribuição na URSS. Inter, Geol. Cong. De 23rd sessão, Checoslováquia, Vol. 12, 33 P.

- Jassim, S. Z., e Goff, J. C., 2006: Geology of Iraq. Dolin, Praga, República Checa, 341p.

- Jassim, S. Z., Karim, S. A., Basi, M, Al- Mubarak, M. A. e Munir, J., 1984: Relatório final sobre o levantamento geológico regional do Iraque. Vol. 4: Paleogeografia. Relatório manuscrito, Serviço Geológico do Iraque.

- Joel O.F; Aajuoyi, C, A; Nwokoye, C.U., 2010: Caracterização dos constituintes da água de formação e o efeito da diluição de água doce da localização da plataforma terrestre do Delta do Níger, Nigéria", Journal of applied Science Environment and Management.

Jones, F. O., 1963: Influência da composição química da água no bloqueio da permeabilidade da argila. Journal of Petroleum Technology. V. 16.

- Jones, B. F., and Bodine Jr. M. W., 1987: Normative Salt characterization of Natural Waters, In (Fritz P. and Frape S . K eds) Saline Water and Gases in Crystalline Rocks, Geological Association of Canada Special Paper 33,5-18.

- Kharaka, Y. K., e Carothers, W. M., 1986: Oxygen and hydrogen isotope geochemistry of deep basin brines. Em Handbook of Environmental Isotope Geochemistry (eds. P. Fritz e J. Ch. Fontes) Vol. 2, Elsevier, North Holland, pp. 305360.

- Komatina, M. M., 2004: Geologia médica. Vol. 2: Efeitos dos ambientes geológicos na saúde humana. Elsevier Science, 502 pp.

- Kumar, R., e Reddy, T., 1991: Digital Analysis of Lineaments- A Test Study on South India, Computers and Geosciences, Vol. 17, No. 4, pp. 549-559.

- Lateef, A. S., 1975: Relatório sobre o mapeamento geológico regional da cordilheira de Hamrin de Al-Fatha a Ain-Layla, Unpub. Rep., Geosurv. lib., No 772, Bagdade.

- Langmuir, D., 1997: Aqueous Environmental Geochemistry. Prentice Hall, EUA, 600p .

- Leverson, A. I. e Berry, F. A. F., 1967: Geology of Petroleum. W. H. Freeman and Co. São Francisco - Londres.

- Lowenstein, T. K., Hardie, L. A., Timofeeff, M. N. e Demicco, R. V., 2003: Secular variation in seawater chemistry and the origin of calcium chloride basinal brines, Geology, 31,857-860

- Mason, B., 1966: Principles of Geochemistry. John Wiley and Sons, Nova Iorque, N. Y., 329P.

- Mason, B., e Moor, C.B., 1982: Principle of Geochemistry, 2nd ed., john Wiley and Sons, N.Y., 350p.

- Nicolas, A., 1987: Princípio da deformação das rochas; D. Reidel pub., CO. Holanda, 208p.

- O'Leary, D. W., Friedman, J. D., & Pohn, H. A., 1976: Lineament, linear, lineation: algumas propostas de novas definições para termos antigos. GSA Bulletin, 87(10): 1463-1469

- Onyedim, G.G. e Norman, J.W., 1986: Algumas aparências e causas de lineamentos vistos em imagens de satélites terrestres. Journal of pertroleum geology, V.9,P179-194.

- Owen, R.M.S., e Nasr, S.N., 1958: A estratigrafia do Kuwait

Basra area, in weeks, L.G. (ed.), Habitat of oil- asumposium: Tulsa, Oklahoma, Am. Assoc. Petrol. Geol., pp1252-1278.

- PCI Geomatica, 2001: PCI Geomatica user's guide version 9.1, Ontário. Canadá: Richmond Hill.

- Piper, A. M., 1946: Procedimento gráfico na interpretação geoquímica da análise da água. Trans-American Geophysical Union, 25: 914-928.

- Plummer, C. C., 2007: Geologia Física. Mc Geary- Hill Companies. Nova Iorque, 3ª edição, 617p.

- Plummer, C.C., D. Mc Geary, D. H. Carson, 2003: Physical Geology. Mc Geary-Hill, Nova Iorque, 9ª edição, 574p.

- Ramsay, J. G. e Huber, M., 1987: Folds and Fractures: The techniques of modern structures geology, V. 2: New-York, Academic press, 700p.

- Rogers. G., 1917: Relações químicas da água de campos petrolíferos no vale de San joaquin, Califórnia. Geological survey. Estados Unidos. 119P.

- Rowland, s., 1986: Análise e síntese estrutural: curso de laboratório em geologia estrutural; Blackwell Scientific pub., Inc., California, 244p.

- Salvador, A.,1987: Paleogeografia do Triássico-Jurássico tardio e origem da bacia do Golfo do México: Boletim AAPG, v. 71, p. 419-451.

- Scanvic, J.Y., 1983: Use of remote sensing in the earth sciences. Edição BRGM, manuais e métodos, N°7-1983.

- Schlumberger, 2011: oilfield review spring :23, No 1.

- Selly, R.C., 1998: Elementos de Geologia do Petróleo (Segunda Edição) Imprensa Académica, 470 P.

- Singhal BB, Gupta RP 1999: Applied Hydrogeology of Fractured Rocks. Kluwer Academic Publishers. U. S. A.

- Stefansson, A. e Anorsson, S., 2000: Feldspar saturation state in natural waters, Geochimica et Cosmochimica Ata, 64, 2567-2584.

- Stoodly, K., D., Lewis, T., & Staintion C. L., 1980: Applied statistical technique, John Wiley and Sons, London.

- Sulin, V. A.,1946: Águas de formações petrolíferas no sistema de águas naturais. Gostoptekhizdat, Moscovo, 96 p.

- Taylor, E. W., 1958: The Examination of Water and Water Supplies. Church Hill Ltd., Press, 330P.

- Thompson, T., Fawell, J., Kunikane, S., Jackson, D., Appleyard, S., Callan, Ph., Bartram, J. e Kingston, Ph., 2007: Chemical safety of drinking water: assessing priorities for risk management, OMS, Genebra, 142 p.

- Todd, D. K., 2005: Groundwater Hydrology (3 edition). John Wiley and Sons Nova

Iorque, EUA, 650 p.

- Todd, D. K., 1980: Ground Water Hydrology, Znd.Ed., John Wiley, NewYork,535p.

- Van der Pluijm, B. A. e Marshak, S., 2004: Earth structure: An Introduction to Structural Geology and Tectonics. McGraw- Hill, 673P.

- Van der Pluijm, B. A., e Marshak, S., 1997: Earth structure an introduction to structural geology and tectonics, WCB/McGraw-Hill, USA, 495P.

- Watts, N. L., 1987: Aspectos teóricos dos selos de capa rochosa e de falha para colunas de hidrocarbonetos monofásicas e bifásicas: Marine and Petroleum Geology, v. 4, p. 274-307

- OMS, 2006: Guidelines for Drinking-water Quality, 1st Addendum to the3rd ed., volume 1: Recommendations, Organização Mundial de Saúde, Genebra 515p.

- White, ED. E., 1957: Magmatic, connate, and metamorphic waters: Geol. Soc. Amer. Bull. 68, 1659-1682.

- Worden, R. H., Coleman, M. L. e Matray, J-M., 1999: Evolução das águas de formação à escala da bacia: Um estudo diagenético e de águas de formação do Triássico.

- X. N. Xie, J. J. Jiao, J. M. Cheng, 2003: Variação regional da química da água de formação e da reação de diagénese no sistema sob pressão da depressão de Shiwu da Bacia de Songliao, NE da China. Journal of Geochemical Exploration. 590P.

- Youkhanna, R. Y. e Hardecky, P., 1978: Relatório sobre o mapeamento geológico regional de Khanaqin-Maidan. Geological Survey Department, Bagdade. Iraque. 144p.

Apêndice (1)

Exatidão analítica dos resultados da amostra de água de formação (relatório final do poço do campo petrolífero de Hamrin)

Cúpula	Formação	ΣCat. (epm)	ΣAni. (epm)	U%	A%	Decisão
Albufudhul	Jeribe/Dhib	170.11	170.05	0.02	99.98	Aceite
Nukhaila	Jeribe	130.45	130.29	0.06	99.94	Aceite
Nukhaila	Jeribe	128.35	128.21	0.05	99.95	Aceite
Nukhaila	Jeribe	124.55	124.44	0.04	99.96	Aceite
Nukhaila	Eufrates	124.44	124.36	0.03	99.97	Aceite
Nukhaila	Eufrates	130.97	130.98	0	100	Aceite
Nukhaila	Eufrates	126.46	126.45	0	100	Aceite
Nukhaila	Jeribe	104.61	105.18	0.28	99.72	Aceite
Nukhaila	Jeribe	281.72	281.52	0.04	99.96	Aceite
Nukhaila	Jeribe	382.28	382.16	0.01	99.99	Aceite
Nukhaila	Jeribe	402.23	402.07	0.02	99.98	Aceite
Nukhaila	Eufrates	175.19	175.03	0.05	99.95	Aceite
Nukhaila	Eufrates	179.14	179.00	0.04	99.96	Aceite
Nukhaila	Eufrates	188.00	187.86	0.04	99.96	Aceite
Nukhaila	Jeribe	387.93	387.61	0.04	99.96	Aceite
Nukhaila	Jeribe	501.27	501.03	0.02	99.98	Aceite
Nukhaila	Jeribe	574.78	574.54	0.02	99.98	Aceite
Nukhaila	Eufrates	229.45	229.34	0.02	99.98	Aceite
Nukhaila	Eufrates	188.73	188.63	0.03	99.97	Aceite
Nukhaila	Eufrates	207.93	206.11	0.44	99.56	Aceite
Nukhaila	Eufrates	192.26	192.14	0.03	99.97	Aceite
Nukhaila	Eufrates	190.10	190.01	0.02	99.98	Aceite
Nukhaila	Eufrates	189.49	189.34	0.04	99.96	Aceite
Nukhaila	Jeribe	309.56	309.45	0.02	99.98	Aceite
Allas	Eufrates	593.45	593.37	0.01	99.99	Aceite
Allas	Eufrates	606.80	606.63	0.01	99.99	Aceite
Allas	Eufrates	355.98	355.66	0.05	99.95	Aceite
Allas	Eufrates	437.44	437.27	0.02	99.98	Aceite
Allas	Dhib/Euphr	377.64	377.50	0.02	99.98	Aceite
Allas	Dhib/Euphr	831.42	831.28	0.01	99.99	Aceite
Allas	Dhib/Euphr	757.02	756.91	0.01	99.99	Aceite
Allas	Eufrates	554.00	553.72	0.02	99.98	Aceite
Allas	Eufrates	933.68	933.57	0.01	99.99	Aceite
Allas	Eufrates	978.61	978.42	0.01	99.99	Aceite
Allas	Eufrates	836.94	795.08	2.57	97.43	Aceite

Apêndice (2)

calcular a análise química da água de formação no campo petrolífero de Hamrin em (epm) (Relatório final do poço do campo petrolífero de Hamrin)

Cúpula	Formação	Ca	Mg	Na	HCO_3	SO_4	Cl
Albufudhul	Jeribe/Dhib	35.93	13.90	120.28	10.21	57.69	102.15
Nukhaila	Jeribe	15.97	3.95	110.53	11.47	48.72	70.10
Nukhaila	Jeribe	15.97	7.98	104.40	13.95	44.16	70.10
Nukhaila	Jeribe	13.97	6.00	104.57	9.64	44.70	70.10
Nukhaila	Eufrates	16.97	22.87	84.61	29.39	18.86	76.11
Nukhaila	Eufrates	27.94	10.94	92.09	26.60	20.26	84.12
Nukhaila	Eufrates	25.95	13.90	86.61	23.60	24.73	78.11
Nukhaila	Jeribe	16.97	22.87	64.77	47.99	7.12	50.07
Nukhaila	Jeribe	29.94	8.97	242.82	8.67	107.60	165.25
Nukhaila	Jeribe	49.90	15.96	316.42	10.67	91.09	280.41
Nukhaila	Jeribe	43.91	17.93	340.39	7.06	94.56	300.44
Nukhaila	Eufrates	20.96	16.95	137.29	39.99	34.89	100.15
Nukhaila	Eufrates	23.95	10.94	144.25	45.42	33.44	100.15
Nukhaila	Eufrates	20.96	18.92	148.12	42.99	34.71	110.16
Nukhaila	Jeribe	32.93	3.95	351.05	8.00	129.25	250.36
Nukhaila	Jeribe	39.92	15.96	445.40	10.67	129.83	360.52
Nukhaila	Jeribe	44.91	24.92	504.95	7.83	116.05	450.65
Nukhaila	Eufrates	21.96	18.92	188.57	22.00	47.12	160.23
Nukhaila	Eufrates	19.96	25.91	142.85	29.99	23.42	135.21
Nukhaila	Eufrates	27.94	19.91	160.08	35.63	40.29	130.19
Nukhaila	Eufrates	29.94	29.86	132.46	25.22	46.74	120.17
Nukhaila	Eufrates	32.93	24.92	132.24	26.16	53.69	110.16
Nukhaila	Eufrates	31.94	27.15	130.41	28.99	50.24	110.10
Nukhaila	Jeribe	52.89	26.90	229.77	18.27	90.88	200.29
Allas	Eufrates	45.91	49.77	497.77	54.38	37.25	501.74
Allas	Eufrates	44.91	54.29	507.60	47.19	38.68	520.76
Allas	Eufrates	39.92	3.95	312.11	16.08	129.27	210.31
Allas	Eufrates	67.86	59.72	309.85	10.00	126.84	300.44
Allas	Dhib/Euphr	41.92	12.91	322.81	8.00	84.07	285.43
Allas	Dhib/Euphr	71.71	78.72	680.99	30.99	69.23	731.06
Allas	Dhib/Euphr	55.89	43.84	657.29	15.00	60.92	680.99
Allas	Eufrates	51.90	10.94	491.16	12.00	141.14	400.58
Allas	Eufrates	91.82	55.77	786.09	23.08	109.33	801.16
Allas	Eufrates	83.83	63.75	831.02	22.00	110.18	846.24
Allas	Eufrates	43.91	63.75	729.28	37.99	36.04	721.05

Apêndice (3)

calcular a análise química da água de formação no campo petrolífero de Hamrin em (epm%) (relatório final do poço do campo petrolífero de Hamrin)

Cúpula	Formação	Ca^{+}	Mg	Na	HCO3	SO4	Cl
Albufudhul	Jeribe/Dhib	21.12	8.17	70.71	6.00	33.93	60.07
Nukhaila	Jeribe	12.24	3.03	84.73	8.81	37.39	53.80
Nukhaila	Jeribe	12.44	6.22	81.34	10.88	34.44	54.68
Nukhaila	Jeribe	11.22	4.82	83.96	7.74	35.92	56.33
Nukhaila	Eufrates	13.63	18.38	67.99	23.63	15.17	61.20
Nukhaila	Eufrates	21.34	8.35	70.31	20.31	15.47	64.22
Nukhaila	Eufrates	20.52	10.99	68.49	18.66	19.56	61.77
Nukhaila	Jeribe	16.22	21.86	61.92	45.63	6.77	47.61
Nukhaila	Jeribe	10.63	3.18	86.19	3.08	38.22	58.70
Nukhaila	Jeribe	13.05	4.17	82.77	2.79	23.83	73.37
Nukhaila	Jeribe	10.92	4.46	84.62	1.76	23.52	74.72
Nukhaila	Eufrates	11.96	9.67	78.36	22.85	19.94	57.22
Nukhaila	Eufrates	13.37	6.11	80.52	25.37	18.68	55.95
Nukhaila	Eufrates	11.15	10.06	78.79	22.88	18.48	58.64
Nukhaila	Jeribe	8.49	1.02	90.49	2.06	33.35	64.59
Nukhaila	Jeribe	7.96	3.18	88.85	2.13	25.91	71.96
Nukhaila	Jeribe	7.81	4.34	87.85	1.36	20.20	78.44
Nukhaila	Eufrates	9.57	8.25	82.19	9.59	20.54	69.87
Nukhaila	Eufrates	10.58	13.73	75.69	15.90	12.42	71.68
Nukhaila	Eufrates	13.44	9.57	76.99	17.29	19.55	63.17
Nukhaila	Eufrates	15.57	15.53	68.90	13.13	24.33	62.55
Nukhaila	Eufrates	17.32	13.11	69.56	13.77	28.26	57.97
Nukhaila	Eufrates	16.85	14.33	68.82	15.31	26.53	58.15
Nukhaila	Jeribe	17.09	8.69	74.22	5.91	29.37	64.73
Allas	Eufrates	7.74	8.39	83.88	9.16	6.28	84.56
Allas	Eufrates	7.40	8.95	83.65	7.78	6.38	85.84
Allas	Eufrates	11.21	1.11	87.68	4.52	36.35	59.13
Allas	Eufrates	15.51	13.65	70.83	2.29	29.01	68.71
Allas	Dhib/Euphr	11.10	3.42	85.48	2.12	22.27	75.61
Allas	Dhib/Euphr	8.62	9.47	81.91	3.73	8.33	87.94
Allas	Dhib/Euphr	7.38	5.79	86.83	1.98	8.05	89.97
Allas	Eufrates	9.37	1.97	88.66	2.17	25.49	72.34
Allas	Eufrates	9.83	5.97	84.19	2.47	11.71	85.82
Allas	Eufrates	8.57	6.51	84.92	2.25	11.26	86.49
Allas	Eufrates	5.25	7.62	87.14	4.78	4.53	90.69

Printed by Books on Demand GmbH, Norderstedt / Germany